EXPLORER L'ESPACE POUR REMONTER LE TEMPS

GIOVANNI FABRIZIO BIGNAMI

EXPLORER L'ESPACE POUR REMONTER LE TEMPS

Traduit de l'italien
par Delphine Chevallier

Odile
Jacob

La traduction de cet ouvrage a été effectuée
avec la contribution du SEPS
SEGRETARIATO EUROPEO PER LE PUBBLICAZIONI SCIENTIFICHE

Via Val d'Aposa, 7 – 40123 Bologne – Italie
seps@alma.unibo.it – www.seps.it

Pour la traduction française :

15, rue Soufflot, 75005 Paris

ISBN : 2-7381-1706-6

www.odilejacob.fr

À Daniele et Elena.

PRÉFACE

En 1911, il y eut une vive polémique en Italie entre le grand mathématicien Federico Enriquez et le philosophe Benedetto Croce. Le sujet en fut de savoir si la science faisait ou non partie de la culture. Selon Croce, le problème ne se posait pas, parce que les êtres humains étaient divisés en deux groupes : ceux qui ont une intelligence « universelle » et qui s'intéressent à la philosophie et à l'histoire, et ceux qui ont une intelligence « minuscule » et étudient « la botanique et la géométrie ».

Le philosophe et scientifique anglais C.P. Snow tenta une solution sans le savoir, puisque indépendante de la discussion italienne, en postulant ses fameuses « deux cultures ». Au moins les mettait-il sur un pied d'égalité.

Le début du troisième millénaire a ouvert une autre voie pour aller au-delà de ces hiérarchies ou divisions intrinsèquement limitées : la « culture » est et doit être unique, universelle et sans frontière.

Par définition donc, et par son contenu, ce livre est international. Les personnages décrits, les uns connus, les autres moins, incarnent, du XIVe siècle de Giotto à nos jours, une continuité culturelle qui doit persister. De Galilée, fils de la Renaissance, lui-même artiste d'envergure d'après Italo Calvino, le meilleur écrivain de la langue italienne, aux poèmes en latin de Cassini, au goût littéraire d'Occhialini et Rossi jusqu'à Bepi Colombo, le professeur qui ne se lassait pas de contempler les Giotto de Padoue. C'est lui, Bepi Colombo, qui proposa avec succès le nom *Giotto* pour la sonde européenne vers la comète de Halley. Un nom qui, après coup, se chargea de sens dans l'imaginaire collectif mondial et pour la science européenne.

Parler d'histoire dans l'espace est à la fois amusant et instructif. Le résultat des missions d'exploration du système planétaire et du ciel profond charme quiconque regarde les étoiles, ou s'arrête pour réfléchir sur l'importance du développement technologique, qui, de l'espace, retombe sur notre vie de tous les jours.

Les grandes entreprises spatiales modernes, comme du reste toutes les initiatives de la « *big science* » contemporaine, naissent de la synergie de l'enthousiasme et d'un consensus à grande échelle, d'une vision et du courage d'un leadership politique et, naturellement, des idées et du travail des scientifiques de haut niveau. L'exemple historiquement le plus spectaculaire est, peut-être, le projet *Apollo* des années 1960. Le Président John F. Kennedy, dynamique et charismatique, doué d'une indiscutable vision géopolitique, réussit sans difficulté à rassembler sa nation autour d'une simple idée : « Avant la fin de la décennie, annonça-t-il le 25 mai 1961, envoyer un homme sur la Lune et le ramener sain et sauf sur Terre. » Il réussit, sachant pouvoir compter sur le leadership aussi génial qu'incroyablement motivé de Werner von Braun. Deux ans après son annonce, John F. Kennedy fut assassiné, mais l'esprit du projet *Apollo* ne put être arrêté. Moins d'une décennie après, en juillet 1969, moyennant une dépense équivalant à 100 milliards de dollars d'aujourd'hui, la NASA put transmettre au monde entier que le défi de Kennedy avait été relevé avec pour seul commentaire : « Mission accomplie. »

Moins connue est une suite intéressante, elle aussi historique. Le 4 août 1969, deux semaines après *Apollo 11* et le triomphe planétaire du premier pas sur la Lune, von Braun lui-même alla devant la commission chargée des affaires spatiales au Congrès des États-Unis pour proposer un débarquement humain sur Mars avant 1982. Sa présentation, qui existe encore plus de trente ans après, garde toute la fraîcheur des idées et la hardiesse de sa vision : il conclut sur l'estimation que la mission proposée, au fond, ne représentait pas un défi plus grand que celui lancé par de Kennedy en 1961 pour la Lune. L'administration Nixon, empêtrée dans le drame de la guerre du Vietnam, n'approuva pas le projet qui, par ailleurs, aurait coûté à la nation seulement une minuscule fraction du coût total de la guerre.

Ce livre nous montre que les retombées les plus importantes des entreprises spatiales comme celles qu'il nous décrit sont humaines, à savoir la capacité de créer une équipe comprenant jusqu'à des centaines ou des milliers de personnes, qui se consacrent à la solution d'une grande variété de problèmes sans jamais perdre de vue les buts et la vision commune du programme. La construction du canal de Panama est une entreprise de taille comparable aux grandes missions spatiales d'exploration humaine des planètes. C'est à ce niveau que nous devons nous placer si nous voulons mener à terme le travail initialisé par von Braun. C'est dans ce sens donc qu'il faut lire l'histoire des vies et des entreprises présentées dans ce livre, avant tout pour ne pas avoir peur de la science, une peur qui naît toujours de l'ignorance. Peu après la prise de position de Benedetto Croce déjà mentionnée, en 1927, l'évêque anglais de Ripon proposa un moratoire de dix ans pour la recherche scientifique. La raison invoquée par l'excellent évêque était « de donner à notre gouvernement le temps de s'adapter ».

Les grands thèmes de la recherche scientifique d'aujourd'hui, soit dans les contenus, soit dans les méthodes, soit encore dans les choix politiques (par exemple, la synergie nécessaire entre recherche publique et recherche privée) seront mieux abordés par un dialogue qui aille au-delà du fossé artificiel entre les « deux cultures », mais aussi de la traditionnelle incommunicabilité entre ceux qui font la recherche et ceux qui doivent leur fournir les moyens et les structures indispensables.

Carlo Rubbia

CHAPITRE 1

L'ESPACE : LES NOMS DANS L'HISTOIRE ET L'HISTOIRE DANS LES NOMS

Comme les navires des mers, les vaisseaux spatiaux et les satellites artificiels ont besoin d'un nom. Alors qu'on ignore celui du premier navire (Homère ne nous indique pas le nom du bateau d'Ulysse, qui pourtant devait bien en avoir un), pour les satellites, dont l'histoire est quelque mille fois plus courte, le premier de la lignée vient aisément à l'esprit. *Spoutnik*, la sonde soviétique lancée en 1957, fut le premier objet artificiel à graviter autour de la Terre. Le nom choisi, en russe, était expressif et poétique : *Compagnon de route* (de la Terre, qui n'était plus seule sur son orbite). La réponse américaine a suivi : dans les années 1950-1960, une série d'*Explorer* dont le nom manquait un peu d'imagination. Entrent en scène d'autres nations : l'Italie avec les *San Marco* (1964) et l'Angleterre avec les *Ariel* (l'esprit aérien et bienveillant de *La Tempête* shakespearienne), plus poétiques mais prévisibles. Davantage d'imagination dans le surnom donné au *Small Astronomy Satellite – 1* de la NASA ; ce surnom ne tarda pas à devenir son vrai nom : lancé le 12 décembre 1970 de la base italienne située près de Malindi, au Kenya, il devait finalement être baptisé *Uhuru* (« liberté » en swahili), car ce jour marquait l'anniversaire de l'indépendance du Kenya vis-à-vis de la couronne britannique.

Tout de suite après, pour les satellites scientifiques, commença la mode des noms de savants célèbres, rattachés plus ou moins directement à l'objectif ou aux caractéristiques de la mission. Le premier fut peut-être *Copernic*, nom d'un satellite hollandais pour l'astronomie ultraviolette.

Copernic n'était pas hollandais, et il n'aurait pas forcément imaginé l'existence d'une astronomie de l'invisible : il n'en demeure pas moins que le nom était bien trouvé. L'héritage de Copernic appartient au monde scientifique, voire au monde en général. En 1543, son *De revolutionibus* referma un chapitre de science médiévale – par ailleurs important – pour engager cette révolution en astronomie qui, de Galilée à Newton en passant par Kepler, allait modifier notre façon de voir le monde. Pour une mission qui ouvrait une nouvelle perspective en astronomie, ce nom était d'excellent augure. En 1978, la NASA lança *HEAO-2*, le deuxième de la série des *High-Energy Astrophysical Observatories*, caractérisés par un nom propre aride et un acronyme pour le moins difficile à retenir. Il s'agissait d'un satellite destiné à étudier des sources de rayons X, avec une nouvelle technique qui devait permettre de comprendre certains objets célestes, tels les trous noirs, considérés jusqu'alors uniquement comme cas particuliers de la théorie de la relativité. Par un heureux hasard, l'année de lancement coïncidait avec le centenaire de la naissance du grand Albert et la mission rebaptisée *Einstein Observatory* remporta un vif succès. Au début des années 1980, la NASA et l'ESA (Agence spatiale européenne) lancèrent conjointement une intéressante mission consacrée à l'étude des rayons cosmiques et de l'environnement de particules dans notre système solaire, observées en passant au-dessus des pôles du Soleil. Dans sa phase de développement, elle portait le nom opérationnel de *International Solar Polar Mission.* Après le lancement, l'ESA ouvrit un concours pour la recherche d'un nom meilleur. Le prix, une caisse de champagne, revint à Bruno Bertotti de l'Université de Pavie pour sa suggestion gagnante : *Ulysse* – toujours en voyage dans le système solaire. À remarquer que ce choix ne renvoie pas aux pérégrinations du personnage dans l'*Odyssée,* mais qu'il fait explicitement référence au vers dantesque : « [...] Vous n'avez pas été faits pour vivre comme des brutes. » Voilà donc Ulysse célébré, lui aussi, en tant qu'explorateur de l'inconnu, en tant que savant.

En 1989, l'ESA lança un satellite astronomique destiné à l'étude approfondie des positions des étoiles dans le ciel, dont dépend toute notre vision de l'échelle des distances et de la métrique de l'Univers. Comme nombre d'autres activités, l'astronomie avait vu le jour dans la Grèce classique et Hipparque fut sinon le premier, du moins le plus célèbre astrométriste (dans l'observation et le calcul). Ici encore, un nom qui porta bonheur à la mission européenne.

À la fin des années 1980, l'Agence spatiale allemande plaça en orbite un nouveau satellite pour l'astronomie des rayons X. De nouveau, le choix du nom ne fut pas difficile. Près d'un siècle auparavant, on devait à un Allemand, Wihlelm Conrad Röntgen, la découverte de la mystérieuse radiation pénétrante qui demeurait une inconnue (« X » justement). Et voilà le *Röntgen Satellit*, à savoir *Rosat*.

Immédiatement après, au début des années 1990, la NASA mit en orbite deux autres grands observatoires. L'un était consacré à l'astronomie optique, principalement, et tira son nom du grand astronome américain Edwin Hubble – le premier à imaginer avoir observé l'expansion de l'Univers. Le second, qui servait en revanche à l'astronomie des rayons gamma, doit son nom à un grand physicien américain du début du XXe siècle, Arthur H. Compton, prix Nobel de physique en 1927.

En 1999 enfin la NASA, puis l'ESA, lançaient en orbite deux grands observatoires, de nouveau pour le rayonnement X : le premier a maintenant pour nom *Chandra* – comme on avait coutume d'appeler le physicien indien Subrahmanyan Chandrasekhar, prix Nobel de physique en 1983, le second *Newton*, à la mémoire du grand Isaac.

Une exception à cette règle intéressante et élégante est fournie par les noms des missions de l'Agence japonaise pour les sciences spatiales. Elles se rattachent souvent à des objets célestes, comme *Hakucho* (« cygne »), *Ginga* (« galaxie ») ou *Suisei* (« comète », pour la sonde de la flotte vers Halley). Cette dernière avait été précédée de *Sakigake* (« explorateur »), qui devait tracer la voie vers la difficile interception.

C'est sûrement en partie par l'effet du hasard que cinq missions portant le nom d'Italiens célèbres sont, ou ont été récemment, en vol dans le système solaire ou sur orbite autour de la Terre. Un peintre et quatre savants.

Les missions sont les suivantes : la sonde *Giotto* de l'ESA, qui passa tout près du noyau de la comète de Halley en 1986 et qui est toujours en vol dans l'espace ; la sonde *Galileo* (1989-2003) de la NASA pour l'exploration de Jupiter et de ses Lunes ; la sonde *Cassini* (1997) de la NASA, l'ESA et l'ASI (Agence spatiale italienne), en orbite autour de Saturne et son principal satellite, Titan ; le satellite *BeppoSAX* de l'ASI, en vol de 1996 à 2002, pour l'astronomie des rayons X ; enfin, le satellite *RossiXTE* de la NASA, lui aussi lancé en 1996 et consacré à l'astronomie X.

Les cinq Italiens célèbres sont, évidemment, le peintre Giotto di Bondone (1267-1337), Galilée (1564-1642), l'astronome Jean-Dominique Cassini (1625-1712), et les physiciens-astrophysiciens Giuseppe « Beppo » Occhialini (1907-1993) et Bruno Rossi (1905-1992).

À l'instar des mousquetaires de Dumas, passés sans problème de trois à quatre, les cinq Italiens dans l'espace seront bientôt au nombre de six. L'ESA a en effet entériné le lancement d'une nouvelle sonde planétaire qui, dans le futur proche, partira explorer Mercure, la planète la moins connue du système solaire. C'est officiel : elle tirera son nom *Bepi Colombo* du grand savant padouan Giuseppe Colombo (1920-1984).

Les cinq (ou six) noms dont nous parlerons ne sont pas fortuits, dans le contexte de la culture européenne et mondiale, et au travers des siècles qui les séparent. Dans le XIVe siècle de Giotto, une porte se ferme définitivement sur la peinture médiévale et une autre s'ouvre, en la personne de Leon Battista Alberti, de Léonard de Vinci, de Raphaël et de Michel-Ange, sur une Renaissance italienne qui demeure la clef de voûte de la culture occidentale moderne. Remarquons ici qu'il serait plus juste de parler d'un essor culturel dans des « régions d'Europe rassemblées de nos jours sous le nom d'Italie ».

La première fille de la Renaissance est précisément la révolution scientifique européenne du XVIIe siècle. Galilée en fournit peut-être le plus bel exemple. Le destin le fait naître, dit-on, le jour même où meurt Michel-Ange. Il fut un musicien et un artiste de valeur, et sa formation à la peinture et à l'étude de la perspective, ainsi que son talent naturel pour l'aquarelle et le dessin, ont sans nul doute constitué une base et une source d'inspiration, par exemple, dans son étude de la Lune et des taches solaires. Alors que la révolution scientifique s'enflamme dans l'Europe tout entière, à Rome un jeune prince, Federico Cesi, fonde en 1603 l'Académie des Lincei, la plus ancienne du monde, bientôt suivie de l'Académie royale de France et de la Royal Society en Angleterre.

Au milieu du XVIIe siècle, Jean-Dominique Cassini brille par sa culture scientifique et le progrès qu'il apporte à l'astronomie. Il fait également figure de prototype du savant international de type moderne, attiré par le potentiel d'un pays, la France du Roi-Soleil, qui offrait les possibilités de ce qu'on appelle de nos jours la « *big science* ».

Du reste, se rendre à l'étranger pour pratiquer la science a toujours été une caractéristique des savants italiens, incités par décision propre ou par nécessité à émigrer vers des pays plus intéressants et plus accueillants. C'est un aspect particulièrement évident chez les deux grands Italiens du XXe siècle, auxquels on doit une grande partie de l'astrophysique spatiale moderne. Après avoir fondé une école en Italie où il aurait peut-être souhaité rester, Bruno Rossi, un Juif, émigra avant l'âge de 40 ans et fut américain pendant plus de la moitié de son existence. Giuseppe « Beppo » Occhialini subit la même impulsion politique de l'émigration, mais il s'était déjà formé professionnellement à la rigoureuse école anglaise, dans les années 1930. Il conserva toujours son envergure internationale, avec un style unique : Européen avec les Italiens et Italien avec les Européens. Même le sixième Italien, Giuseppe « Bepi » Colombo, sans jamais abandonner l'Italie, se trouva souvent plus à son aise à l'ESA, Harvard ou la NASA qu'à Padoue.

C'est aussi une valeur européenne qui vient à l'esprit, quand on lit les biographies de ces grands Italiens. L'Europe plonge ses racines dans des siècles d'histoire pour arriver au XXe siècle où, malgré les catastrophes de deux guerres, naît et subsiste en Italie une école de physique, celle de Fermi, qui représente un cas unique au monde. Cette école sera l'un des axes porteurs de la création d'une Europe unie sur le plan culturel autant qu'opérationnel, avec entre autres la fondation du CERN et de l'ESRO (Conseil européen de recherches spatiales), devenu ESA, un quart de siècle avant qu'on ait jamais entendu parler d'une petite ville hollandaise appelée Maastricht. En Italie, l'astrophysique spatiale contemporaine est l'héritière directe de cette école de physique unique.

À l'instar des personnages décrits, les missions qui en tirent leur nom présentent des caractéristiques propres, mais aussi quelquefois des aspects communs.

Du point de vue scientifique, cela fait désormais quelques années que la mission *Giotto* de l'ESA s'est terminée, après la spectaculaire première des images du noyau de la comète ; toutefois, la sonde continue de parcourir notre système solaire. *Cassini* est en orbite autour de Saturne et de son gigantesque satellite Titan. Elle a suivi l'une des trajectoires pensées par Bepi Colombo, également, pour rendre possible l'exploration des planètes « extérieures » (disons au-delà de Mars) du système solaire. Si aujourd'hui *Cassini* explore le système de Saturne – étudié près de trois siècles auparavant par le grand astronome italo-français et par son collègue hollandais Huygens –, c'est aussi aux intuitions de génie du professeur padouan qu'on le doit. Le hasard a voulu qu'au moment précis du changement de millénaire, en décembre 2000-janvier 2001, *Cassini* en route vers Saturne accomplisse son survol de Jupiter. Dans le même temps et une fois achevé son passage près de Ganymède – l'un des quatre satellites galiléens –, la sonde *Galileo* transitait presque au même point de l'orbite jovienne. Une coïncidence, certes, mais les deux sondes ont été métaphoriquement plus proches l'une de l'autre que ne le furent jamais, de leur vivant, Galilée et Jean-Dominique Cassini. En partie contemporains, il semble qu'ils ne se soient jamais rencontrés : à la mort de Galilée, en 1642 à Arcetri (Florence), Cassini avait 17 ans et étudiait chez les Jésuites de Gênes. *BeppoSAX* de l'ASI et *Rossi X-Ray Timing Explorer* de la NASA se trouvaient eux aussi sur des orbites proches l'une de l'autre : toutes deux quasiment équatoriales et circulaires à guère plus de 500 km d'altitude. Les deux satellites ont poursuivi en parallèle l'étude de l'astronomie X comme diagnostic de la physique de l'Univers jusqu'à la rentrée de *BeppoSAX* dans l'atmosphère en 2003. Les carrières des deux savants Occhialini et Rossi furent également contemporaines et parallèles : ils étaient issus de la même école et partageaient la passion des instruments difficiles et compliqués. Ils eurent également l'intuition commune de se lancer dans la recherche spatiale, en Europe comme en Amérique, et la même faculté de créer une école autour de leurs intuitions.

Enfin, il ne fait nul doute que nos cinq personnages furent tous des hommes de culture, dans le sens le plus vaste du terme. Occhialini était un profond connaisseur des littératures italienne, anglaise et française. Quant au cénacle culturel fondé à Cambridge, Massachusetts, par Bruno et Nora Rossi, il a conservé toute sa vigueur ; en ce qui les concerne, il est facile d'imaginer leurs réactions s'ils pouvaient voir aujourd'hui les résultats des missions spatiales qui portent leur nom.

Galilée, qui pratiquait avec talent la musique et le dessin, fut aussi un poète au goût sûr et surtout – du moins selon Calvino – l'un des plus grands écrivains de la littérature italienne. Cassini se montra encyclopédique dans son approche du savoir ; il écrivait également des vers en latin avec aisance. Giotto, qui nous est beaucoup moins connu, ne se limita certainement pas à la peinture : ce fut un génie complet, peut-être même capable d'avoir conçu en personne l'architecture de la chapelle des Scrovegni, ou d'avoir pris en main la chimie et la mécanique de la préparation de ses couleurs. Qu'est-ce que Giotto di Bondone aurait peint s'il avait vu les images du noyau de la comète de Halley transmises par la sonde *Giotto* ? Qu'auraient compris, dit et écrit Galilée et Cassini devant un écran d'ordinateur, avec les images rapprochées de ces mondes de feu et de glace que sont les lunes galiléennes – celles-là mêmes qui, dans leurs lunettes, orgueil de l'astronomie du XVIIe siècle, étaient des petits points à peine visibles ? Ou devant les anneaux de Saturne ? L'histoire et l'astrophysique spatiale sont des sciences trop peu frivoles pour autoriser ce genre d'exercice conceptuel. Cela étant, il faut laisser un peu de place à l'imagination et la nourrir par la description de la conquête de l'astronomie hors de la Terre, littéralement bien au-delà de la Lune. Nous tâcherons de le faire en entrelaçant la dimension de l'espace avec celle du temps, du XIVe au XXe siècle scandé par les noms du quintette italien.

CHAPITRE 2

LA PEINTURE DE GIOTTO ET LES COMÈTES AU XIVe SIÈCLE

L'année 1300 fut particulièrement intéressante dans l'histoire de l'Italie et de l'Europe. À Rome régnait alors un pape à la forte personnalité, Boniface VIII. Issu de la noblesse romaine, il était parvenu – en apparence du moins – à apaiser les tumultes internes de l'Église et à surmonter une situation de grave incertitude due principalement à la pression des cardinaux français. Pour imposer à nouveau la domination absolue de l'Église sur le monde, Boniface VIII proclame un nouveau jubilé, en 1300 justement, sans doute le plus somptueux et le plus important qui ait jamais eu lieu. Il semble que 200 000 pèlerins se soient rendus à Rome, qui à l'époque restait de fait *caput mundi*. Cet événement a plus que doublé la population de la ville, fournissant ainsi la preuve de l'influence de l'Église sur les peuples des mondes connus.

Toutefois, sur le plan de la politique internationale, les choses n'allaient pas bien du tout pour Boniface VIII. Il avait dû prendre acte, avec douleur, de l'irrémédiable résurgence du schisme d'Orient avec l'Église grecque, après qu'une solution semblait avoir été trouvée lors du concile de Lyon II en 1274. Mais la situation était plus grave encore avec les souverains de France et d'Angleterre, les deux grands États émergents de l'Europe médiévale, à côté de l'empereur germanique. À Londres, Édouard Ier avait déjà entre les mains un État moderne, prêt à une inconcevable rébellion contre Rome. En 1258, l'Angleterre avait été la première nation à inventer le Parlement (qui portait ce même nom) comme outil de contrôle de la couronne d'une part et, de l'autre, de consultation (et de direction) par celle-ci de la volonté populaire. Ce moyen très puissant en politique intérieure l'était davantage encore en politique internationale, car il permettait au souverain de parler véritablement au nom de son peuple, de la nation tout entière. La France de Philippe IV le Bel, ennemi implacable de Boniface VIII, l'adoptera quelques années plus tard avec l'assemblée des états généraux. C'est la France qui mènera la campagne visant à briser le pouvoir temporel du pape, en dépit de la bulle papale *Ausculta fili* adressée – pour la première fois dans l'histoire – non pas *urbi et orbi*, mais directement, personnellement, par Boniface à Philippe. On ne devait plus revenir en arrière. Symboliquement, la suprématie de l'Église médiévale sur le monde prend fin avec le jubilé de 1300, en dépit de l'engagement et de la personnalité de Boniface VIII. Une nouvelle époque s'ouvre alors.

En Italie, ce sont les âpres luttes politiques intérieures qui reflètent la crise du monde médiéval. Mieux que n'importe quel historien, Dante dépeint en vers et en prose le drame que connaît l'Italie du début du XIVe siècle, et auquel il est lui-même confronté dans sa vie d'exilé. Quelques années plus tard, en 1304, naîtra Pétrarque, qui fera en personne l'expérience du tragique épisode de la papauté en Avignon. Deux commentateurs d'exception pour une période historique embrouillée mais fascinante.

C'est à Giorgio Vasari (1511-1574) que l'on doit les *Vies des architectes, peintres et sculpteurs italiens les plus éminents* (Florence, 1550), et notamment presque tout ce que nous savons de la vie de Giotto di Bondone. Si les magnifiques histoires de Vasari présentent quelques limites, c'est dans la définition du cadre historique, social et économique de ses peintres, sculpteurs et autres artistes célèbres. Néanmoins, cette imperfection de l'étude savante est amplement compensée par la richesse et la fraîcheur de ses *Vies*, dont la première est précisément celle de Giotto.

Son nom, pour commencer. Il s'agit peut-être d'une abréviation d'Angiolotto, d'Ambrogiotto, de Parigiotto ou de Ruggierotto. Son père, Bondone, était paysan (savait-il dessiner ?) ; quant à sa mère, on n'en sait pas grand-chose. Giotto naquit en 1267 semble-t-il, à Colle di Vespignano, près de Vicchio dans le Mugello. La légende poétique admise veut que le petit Giotto, qu'on avait envoyé garder les brebis au pâturage, en ait dessiné une sur une ardoise pour tuer le temps. Toujours selon la légende, le grand Cimabue – le plus célèbre peintre florentin de l'époque – serait passé par-là à ce moment. Reconnaissant immédiatement le talent du petit Giotto, Cimabue aurait couru voir son père pour lui demander de le faire travailler avec lui dans son atelier en tant qu'apprenti et préparateur de couleurs. Si l'histoire n'est pas vraie, elle est bien inventée (par Vasari). En tout cas, nous sommes assurés que c'est sous la conduite de Cimabue que Giotto a mûri comme artiste, débutant peut-être avec des cartons pour les mosaïques du baptistère de Florence. Il passa au moins dix ans (de 1280 à 1290 environ), les plus formateurs peut-être, à Florence aux côtés de Cimabue. Le résultat fut que Giotto, pour reprendre les termes de Vasari, « rejeta cette manière grecque grossière » de la peinture pour devenir vraiment « un bon imitateur de la nature ».

En 1290, il se marie avec Ciuta (Ricevuta) di Lapo del Pelo. Apparemment un mariage heureux, dont naîtront quatre fils et quatre filles. L'un des garçons, Francesco, deviendra peintre. Un autre fils, s'appelant également Francesco, fera une carrière ecclésiastique ; il arrivera au grade de prieur, s'occupant des legs paternels. Plus importante, peut-être, sa fille Caterina, qui épousera elle aussi un peintre et qui sera la grand-mère de « Giottino », à la célébrité immédiate et durable.

Une fois sa maturité artistique atteinte, Giotto devient très coté, très demandé, surtout pour ses fresques où s'exprime un style personnel et révolutionnaire par rapport à la rigueur d'inspiration byzantine de la peinture sacrée du XIIIe siècle. Les couleurs, par exemple, éliminent ces ors et ces bleus byzantins, brillants et un peu criards. Elles se font plus tendres et comprennent des dégradés de rose ; bref, elles deviennent beaucoup plus réalistes. Sa première période loin de Florence, Giotto la passe à Assise, où il peint à fresque, au prix d'un immense travail, la basilique supérieure, d'abord avec des scènes de la Bible puis, sur commande du franciscain supérieur Giovanni di

Muro, l'inégalable *Triomphe de saint François*. C'est le cycle d'œuvres qui consacre Giotto au sommet de la peinture de son temps. Et effectivement, l'année même du grand jubilé de 1300, Boniface VIII le convoque à Rome pour les fresques de la loge de San Giovanni in Laternano.

L'année suivante, en 1301, il se rend à Ravenne et Rimini pour la fresque – perdue comme beaucoup d'autres – des *Épisodes de la vie de saint François* dans le temple de Malatesta. Mais l'année 1301 marque aussi le passage de la comète que nous appelons aujourd'hui « Halley ». Son passage fut bien visible dans l'Italie du Centre-Nord, et il dura plusieurs semaines. Dans l'obscurité du ciel médiéval, cette comète flamboyante ne pouvait certes pas échapper à Giotto et à son regard attentif d'observateur de la nature et des événements. Il en conserve un souvenir très vif lorsqu'il se rend l'année suivante à Padoue, invité par les moines gris pour peindre à fresque la basilique Sant'Antonio – œuvre elle aussi perdue ; puis, entre 1302 et 1305 environ, quand il est invité par Enrico Scrovegni en personne pour peindre un cycle complet dans la chapelle des Scrovegni. Ce cycle comprend des scènes bibliques de la vie de Joachim et Anne, de la Vierge et du Christ, ainsi que des allégories de Vices et de Vertus et un Jugement dernier. En réalité, chaque élément architectural de la chapelle apparaît tellement soumis – comme directement affecté – à la décoration picturale que l'on pourrait penser que Giotto a non seulement conçu et réalisé le cycle de fresques, mais aussi imaginé et planifié la construction de la chapelle elle-même.

Dans tous les cas, vers la moitié du cycle, Giotto peint sa magnifique *Adoration des mages*. Au-dessus de l'étable simple, réduite à l'essentiel, de la Nativité apparaît une splendide comète à la queue flamboyante. Peu importe si Giotto a placé une comète sur l'étable de Bethléem en réponse à une ancienne tradition (au fond toujours vivante) ou si, comme d'autres le pensent, il y a été incité par le conseil explicite du philosophe Pietro d'Abano. Ici, plus que jamais, le génie de Giotto se révèle dans son aptitude à représenter la nature avec vérité, c'est-à-dire à peindre les choses comme elles sont réellement et non comme on voudrait qu'elles soient. Dans une anecdote célèbre (et peut-être fantaisiste), Vasari raconte que le jeune Giotto peignit sur le nez d'une figure de Cimabue une mouche « si naturelle » que son maître s'approcha pour l'écraser de la main. Vasari, toujours, dit qu'il n'a connu « [...] d'autre maître que la nature ». Et Boccace écrit dans *Le Décaméron* : « [...] Giotto eut un si grand génie que la nature, mère de toutes choses et toujours active, dans le mouvement continuel des cieux, ne peut rien produire qu'avec son stylet, sa plume ou son pinceau, il ne peigne semblable à elle et même identique, si bien que souvent les hommes se trompent à voir les choses qu'il fait, prenant pour vrai ce qui est peint. »

La comète peinte par Giotto apparaît extrêmement fidèle à la vérité astronomique, ressemblant beaucoup aux photographies de la comète de Halley prises plusieurs siècles plus tard. Et dans l'histoire de la peinture, elle restera la plus vraie et la plus belle. Aucune comparaison avec, par exemple, la représentation de la comète (toujours de Halley, après son passage en 1066) telle qu'on la voit sur la célèbre tapisserie de Bayeux datant à peu près de 1080. Malgré la présence de tous ses éléments anatomiques, l'image de la comète y apparaît encore tellement prise dans le carcan du style roman primitif qu'elle en est infantile.

Les représentations qui nous restent du passage de Halley en 1222 sont tout aussi simplistes et irréalistes – bien que non dénuées d'intérêt historique. Une sculpture dans le portail de droite de la cathédrale de Piacenza (explicitement désignée comme « Étoile Comète ») et, peut-être, un fragment de fresque (vers 1250) du Palazzo della Ragione de Mantoue.

Après son passage en 1301, la comète de Halley peinte par Giotto n'est pas seulement correcte sur le plan anatomique. Sa structure montre une tête et une queue bien distinctes – comme elles étaient apparues à l'œil nu mais perçant de Giotto – avec un centre de condensation et une « chevelure » (la *coma* de la comète) rendus par différentes couches de pigment jaune, orange, rouge et or (le secret de Giotto). Sous la partie diffuse et brillante de la comète, il est intéressant de remarquer une étoile véritable, représentée avec les huit pointes canoniques des étoiles de la peinture médiévale, ainsi que de nombreux rayons. Peut-être s'agit-il là d'une trace de repentir du peintre, d'une étoile plus traditionnelle transformée par l'adjonction de la queue multiforme et multicolore, ou bien d'une partie de la comète dont Giotto pensait qu'elle avait une étoile en son centre. Comme le signale Roberta Olsen, historienne contemporaine de l'astronomie dans l'art du Moyen Âge, si cette peinture de la comète est aussi révolutionnaire, représente un tel progrès, c'est précisément grâce au caractère privé de la chapelle des Scrovegni. Plus globalement, c'est grâce à l'ouverture culturelle de la ville de Padoue, dont l'université (où Galilée sera nommé trois siècles plus tard) avait déjà un rôle important dans l'étude des sciences naturelles. Dans ses *Chroniques florentines*, Villani décrit la comète « avec de grands rayons de fumée derrière ». D'autres historiens contemporains tenteront de rendre en mots ce qui avait dû être un passage particulièrement spectaculaire.

Toutefois, aucune description ne s'approche, de près ou de loin, du « vérisme » de Giotto, dans sa représentation même en formes et en couleurs de l'arc grandiose de la « chevelure ».

Selon la tradition, Dante, exilé amer de Florence, a rendu visite au grand maître florentin alors qu'il travaillait dans la chapelle des Scrovegni. Nous pouvons seulement nous figurer l'impact de la fresque flambant neuve, brillante – et surtout de la comète – sur Dante, qui avait entrepris l'écriture de *La Divine Comédie.* Dans le Chant XI du *Purgatoire*, il commente ainsi le passage de Cimabue à Giotto : « Cimabue se crut dans la peinture/ Maître du champ ; or, Giotto a le cri/Tant qu'en est obscurci le renom du premier. »

Laissons là Dante et Giotto, et Pétrarque nouveau-né, dans une Europe médiévale que la mort de Boniface VIII et l'influence grandissante du roi de France sur la papauté avaient plongée dans la panique. En 1305, Clément V amena la papauté en Avignon, où elle demeura jusqu'en 1378. Par une curieuse coïncidence historique, la papauté en Avignon – et le bouleversement politique qu'elle représenta – eut donc presque la même durée que la révolution de la grande comète : passée en 1301, elle devait revenir en 1378 précisément, même si personne dans le monde d'alors ne connaissait sa période – et moins encore l'appelait « Halley ».

Quoi qu'il en soit, il s'agit d'une comète spéciale pour la race humaine sur notre planète. De 240 av. J.-C. à 1986, elle a accompli trente révolutions, et chacun de ses passages au périhélie – à savoir près du Soleil et donc près de la Terre – est attesté par quelque type de témoignage écrit, hormis son passage en novembre 163 av. J.-C. pour lequel nous ne possédons qu'une hypothétique note en babylonien.

Comme pour les passages de 1301-1378 et le séjour des papes en Avignon, la tentation d'établir des connexions avec des événements historiques – plus ou moins catastrophiques selon les points de vue – est inévitable. Surtout si l'on tolère une marge d'imprécision dans les dates, l'histoire de l'humanité est riche en événements que l'on peut rattacher à la comète (*a posteriori*, bien sûr). Jérusalem tomba quatre ans après son passage en 66 ap. J.-C. ; l'invasion de l'Angleterre par les Normands coïncida avec son passage en 1066 ; plus récemment, la Première Guerre mondiale s'engagea quatre ans après son passage en 1910. Bien entendu, il ne s'agit là que de coïncidences approximatives, de prétextes à revoir deux millénaires d'histoire sous un angle inhabituel.

Kepler et Galilée fournirent les premières observations astronomiques sérieuses de Halley lors de son passage en 1607, mais ils ne comprirent ni sa nature, ni son orbite. Newton fut le premier à émettre l'hypothèse d'orbites paraboliques pour les comètes (entre autres grâce aux observations du grand Cassini, comme celle de 1664 dont nous possédons un splendide dessin de sa propre main) et à pressentir la possibilité d'orbites fermées, c'est-à-dire elliptiques. Le grand Isaac dit : « Je serais bien surpris, que ce ne soient pas des sortes de planètes tournant en orbites qui se referment sur elles-mêmes dans un mouvement continu. »

C'est Edmund Halley, l'élève préféré de Newton, qui calcula le premier l'orbite de vingt-quatre comètes. Il remarqua que certaines d'entre elles se ressemblaient, et il estima particulièrement intéressantes celles de 1531, 1607 et 1682 – peut-être même celle de 1456. Il finit par supposer qu'il s'agissait d'un objet unique, sur une orbite elliptique, fermée, qui revenait donc périodiquement. Il annonça le passage suivant pour la fin de l'année 1758 ou le début de 1759. Halley mourut en 1742 (cent ans après Galilée) et n'eut pas l'occasion de vérifier sa prédiction. Alexis-Claude Clairaut, avec l'aide de Nicole-Reine Lapaute et de Jérôme de Lalande, après des calculs intensifs durant cinq mois, obtint l'orbite de la comète, en considérant aussi l'effet de Saturne et de Jupiter, et publia une prévision plus précise sur la date de son retour. Le calcul fut confirmé quand, la nuit de Noël 1758, Johann Palitzsch – un paysan doublé d'un astronome amateur – assista le premier au retour de la comète depuis son champ proche de Dresde. Un mois plus tard, le grand astronome français Charles Messier l'observait à son tour dans son puissant télescope. Halley avait vu juste : depuis lors, cet objet du système solaire, qui avait tant frappé le regard et l'esprit de Giotto, devint pour tous la « comète de Halley ».

CHAPITRE 3

LA MISSION *GIOTTO*. VOIR UNE COMÈTE DE PRÈS

Trois ans avant *Spoutnik*, en 1954, alors que la recherche spatiale était considérée comme le rêve un peu fou de quelques-uns, l'éclectique physicien et astronome américain Fred Whipple fut le premier à imaginer et à proposer concrètement une mission spatiale vers une comète. Whipple avait élaboré une théorie importante sur la formation et la nature des comètes comme « boules de neige sales ». Avec Jan Oort, il fut parmi les premiers à insister sur l'importance des comètes en tant qu'objets de diagnostic cosmogonique. En effet, leur gravité réduite retient principalement des éléments légers (l'eau, par exemple) et leur environnement, voilé par le Soleil et par l'espace profond, favorise des processus chimiques – également de nature organique – continus pendant des milliards d'années. La « boule de neige sale » lançait un défi aux théories précédentes qui soutenaient que les comètes étaient en réalité des « sacs pleins de vide ». Plus encore dans l'esprit de défi qui régnait dans les années 1960 et 1970, l'un des plus célèbres astrophysiciens anglais, Fred Hoyle, avait élaboré et rendu populaire avec son collègue indien Wichramasinge la théorie selon laquelle les comètes auraient amené par insémination la vie sur Terre. Un bouillon organique primordial toujours plus complexe se développerait dans les comètes, jusqu'à la production de matière prébiotique.

Sans vouloir discuter une théorie qui présente le défaut (ou la qualité) d'être difficilement démontrable, elle atteste d'une réalité physique et astronomique indéniable. C'est un fait que la queue d'une comète, spectaculaire dans le ciel mais avec une densité des milliers de fois inférieure à la fumée d'un cigare, s'étire sur des millions de kilomètres et que la Terre s'y empêtre souvent.

Preuve en est non seulement l'essaim d'étoiles filantes, à savoir de poussières cométaires qui brillent pendant un instant au contact de l'atmosphère, mais aussi l'observation de l'opacité du ciel après le passage d'une comète. À la suite du passage de Halley en 1986 justement, de nombreux observateurs durent recalibrer leur « courbe d'extinction », c'est-à-dire la mesure quantitative de l'absorption de la lumière stellaire à cause de la quantité de poussières déposée par la comète dans l'atmosphère. On peut évaluer ce dépôt en milliers de tonnes de matériau particulaire, extrêmement fin, qui descend lentement des couches supérieures de l'atmosphère jusqu'à la Terre.

La théorie de Hoyle ne se fonde donc pas sur des hypothèses de science-fiction. Il existe bien un transfert de masse sous forme microscopique, lent mais constant, qui devient significatif lorsqu'il est intégré dans les milliards d'années de vie d'une planète comme la Terre, exposée continuellement au passage de comètes. Il s'agit bien entendu d'un accroissement lent et non traumatique, très différent de l'accroissement catastrophique (mais par chance fort rare) dû à des impacts cométaires directs, avec des objets au noyau macroscopique. Dans l'histoire, l'impact cométaire le plus fameux fut celui de 1908, dans la localité de la Toungouska (Sibérie), où l'explosion d'une comète de dimension moyenne en très haute altitude causa des dégâts demeurés bien visibles dans la taïga et comparables à l'explosion d'une bombe de plusieurs mégatonnes. C'est peut-être aussi à une comète (ou à un astéroïde) qu'il faut attribuer le célèbre impact, vraiment catastrophique, d'il y a 65 millions d'années, à la limite Crétacé-Tertiaire.

On attribue à cet impact et ses conséquences indirectes l'extinction des dinosaures sur la Terre. Parmi les espèces vivantes, les mammifères – dont l'homme – ont alors pu se développer, finissant par l'emporter. Si c'est effectivement un impact cométaire qui provoqua l'extinction des dinosaures entre le Crétacé et le Tertiaire, la race humaine doit son existence terrestre à une comète : en la présence de dinosaures, nous bipèdes sans plumes aurions fait long feu !

Il existe un autre type d'impact cométaire sur Terre, non microscopique mais pas nécessairement catastrophique non plus. C'est l'accroissement continu de petites ou très petites comètes, attirées dans leur totalité (non pas seulement la queue) par le champ de gravité terrestre. Il semble que nous devions à ce phénomène une bonne part de l'eau de nos océans terrestres (donc la vie sur Terre, ici de façon indirecte).

Bref, dans ce contexte scientifique et culturel fort, et avec une technologie spatiale désormais acquise, il était logique, au début des années 1970, d'imaginer une mission vers une comète. Parmi les différentes comètes possibles, il était non moins logique que les savants de la NASA pensent à la comète de Halley qui devait revenir, avec une période certaine, en 1986. Cette période même était la preuve que la comète possédait un noyau massif et non quelque chose de léger et de volatil qui serait « parti en fumée » après quelques passages autour du Soleil. Les retours périodiques de Halley, nombreux et étayés par des documents, garantissaient une masse compacte et consistante grâce à laquelle son orbite n'était guère modifiée par la violente action du Soleil à chaque périhélie. C'est précisément pour cette raison que Halley offre un grand intérêt, et qu'elle pourrait apporter une réponse aux questions difficiles mais fondamentales posées entre autres par les théories de Oort, Whipple et Hoyle.

Toutefois, l'idée d'une mission pour visiter une comète rencontrait une concurrence formidable dans le programme d'exploration des planètes déjà en plein essor à la NASA avec la série des *Viking* vers Mars (1976) puis des deux sondes *Voyager* (1977).

Halley pose en outre un problème difficile de dynamique céleste. C'est une comète qui tourne autour du Soleil en sens contraire de la Terre : pour l'atteindre en partant de la Terre, il faut une trajectoire complexe et, surtout, une importante dépense d'énergie. La NASA envisageait une sonde munie d'un nouveau moteur électrique capable de fournir une accélération faible mais constante, donc nécessaire pendant plusieurs années. Bref, quelque chose qui n'avait encore jamais été fait, avec une mise en œuvre pleine d'incertitudes. Or l'échéance était sans appel : si une mission ne pouvait être en retard, c'était bien celle que l'on destinait au passage de Halley. En cas d'erreur, on devrait attendre 2062 pour avoir une nouvelle chance...

Dès 1978, la NASA avait abandonné l'idée d'une sonde vers Halley pour caresser celle d'une mission dirigée vers une comète plus facile d'accès (Tempel 2) qui devait passer en 1988. En chemin, on aurait pu passer près de Halley, mais les lois de la mécanique céleste imposaient un passage à vitesse élevée, avec une faible possibilité de mener des recherches significatives sur son noyau. On pouvait imaginer une sonde qui, se détachant de la mission principale, fasse une brève incursion vers Halley. Une petite mission dans la mission en somme. En 1978, la NASA offrit ce rôle, vaguement secondaire, aux Européens de l'ESA, l'Agence spatiale européenne formée trois ans auparavant par dix États européens fondateurs (aujourd'hui, les États sont au nombre de dix-sept : Allemagne, Angleterre, Autriche, Belgique, Danemark, Espagne, Finlande, France, Grèce, Hollande, Irlande, Italie, Luxembourg, Norvège, Portugal, Suède et Suisse, plus le Canada en tant qu'« observateur »).

On assista alors à des tentatives d'accord frénétiques, à des tensions même, entre l'ESA et la NASA. Les Européens ne voulaient pas être relégués dans des rôles de second ordre, mais la NASA, forte de l'expérience et des capacités du Jet Propulsion Laboratory de Pasadena (Californie) désirait avoir le contrôle total de la mission ; avec ce rendez-vous cométaire, elle avait également pour but le développement de la propulsion électrique solaire. Mais en novembre 1979, la NASA subit l'une de ces secousses – ou tremblements de terre – internes dont elle était accoutumée, à cause de l'augmentation des coûts de la navette. Exception faite du Gamma Ray Observatory, tous les nouveaux programmes scientifiques furent annulés et, avec eux, la possibilité d'une mission vers Halley contrôlée par la NASA.

Avec quelques répercussions politiques (et personnelles pour les scientifiques les plus en vue), les Européens se trouvèrent devoir compter sur leurs seules forces. Et naturellement, le temps continuait de s'écouler. Tout le monde savait pertinemment que pour attraper Halley au vol, même après son passage autour du Soleil en février 1986, on ne pouvait pas partir après l'été 1985. Or pour concevoir et réaliser une mission spatiale sans erreur ni retard possibles, cinq ans sont terriblement peu. Pour s'affranchir véritablement de la NASA et des colosses américains, il fallait commencer par le lanceur. Par chance, Arianespace avait engagé depuis peu la production du lanceur européen *Ariane*, dont le premier tir avait été effectué avec succès en 1979.

Un grand scientifique italien, respecté autant en Europe qu'aux États-Unis, fit une proposition nouvelle et intéressante. Giuseppe Colombo, de l'Université de Padoue, pensait qu'on pouvait aller vers Halley après son passage au périhélie en utilisant un lanceur *Ariane* et un schéma de satellite déjà conçu par l'ESA pour une mission de géophysique. Colombo avait un nom tout prêt pour la mission : « HAPPEN », acronyme de Halley Post Perihelium Encounter.

Cette idée fut soumise à l'approbation successive des comités ESA, subissant des modifications et des améliorations jusqu'à son approbation définitive en juin 1980. Entre-temps, toujours sur le conseil de Giuseppe « Bepi » Colombo, la mission avait changé de nom. En effet, Roberta Olsen – la chercheuse américaine en histoire de l'art s'intéressant particulièrement à l'astronomie – avait publié quelques mois auparavant un article soutenant que la splendide comète peinte par Giotto dans la chapelle des Scrovegni était précisément Halley. Colombo connaissait bien les fresques de Giotto, et une suggestion de sa part avait du poids en Europe. C'est lui qui lança l'idée de baptiser *Giotto* la nouvelle mission, entièrement européenne, vers la comète de Halley.

À l'été 1980, tout paraissait prêt : approbation et financement par le Science Program Committee, lanceur *Ariane* et même les services d'un grand radiotélescope en Australie pour la réception des données. Il fallait encore construire le satellite et rassembler l'ensemble des instruments qui garantiraient un retour scientifique de premier ordre. Sur sollicitation de l'ESA, des savants de toute l'Europe se réunirent en consortium, plus ou moins facilement selon les rivalités internationales et surtout interpersonnelles, pour construire la charge utile de *Giotto*. Finalement, dix expériences construites en collaboration par des instituts d'Allemagne, de France, d'Angleterre, de Suisse, d'Italie et d'Irlande (et d'autres encore) furent embarquées dans la sonde. Il y avait quelque 960 kg au total à emporter en vol. Alimenté par des cellules solaires et par des batteries argent-cadmium, le satellite devait s'approcher de la tête de la comète pour en observer le noyau à une vitesse relative de 68,4 km/s.

Justement, la vitesse relative de *Giotto* par rapport à Halley posait le sérieux problème des impacts de poussières, microscopiques ou moins microscopiques, sur les appareillages. Pour les protéger, on imagina un bouclier en Kevlar (le matériau utilisé pour les gilets pare-balles) à deux couches enveloppant la partie de *Giotto* dirigée vers la comète. L'extrémité opposée était en revanche munie d'une grande antenne servant à maintenir les liaisons et à transmettre les données à la Terre ; notamment celles de la Halley Multicolour Camera, dont on attendait des images prises de près du noyau de la comète. Non moins importants, les autres instruments étaient consacrés à l'analyse physique et chimique des particules, des gaz et des poussières de la comète. On allait enfin savoir de quoi était réellement faite la spectaculaire queue peinte par Giotto et ce qui avait lieu lorsque la sonde interplanétaire la traversait. Bref, un laboratoire complet qui, derrière sa cuirasse, avait des chances solides de survivre à la tempête de poussières à haute vitesse pour pénétrer à l'intérieur de la comète.

Alors que la plupart des industries spatiales et des instituts de recherche européens étaient engagés dans la conception et la construction de la sonde, pour une date de livraison qui approchait impitoyablement, il était tout naturel de se demander ce que faisait Halley, l'objet céleste pour lequel toute cette mission avait été mise sur pied. D'après les meilleurs calculs orbitaux disponibles, on savait, par exemple, qu'à l'été 1982 elle devait avoir déjà dépassé l'orbite d'Uranus et se rapprocher de Saturne sur sa trajectoire qui devait l'amener à « contourner la bouée » du Soleil en février 1986. Toutefois, il fallait confirmer la présence de Halley, la voir réapparaître sur la bonne orbite au bon moment, après que l'humanité l'avait saluée pour la dernière fois en 1911 et qu'elle s'était éloignée vers les espaces froids aux confins du système solaire.

Qui sait ce qui avait bien pu se passer là-bas en trois quarts de siècle – voilà ce que songeaient parfois, avec une part d'irrationnel, les savants et les techniciens engagés dans la construction de *Giotto*. Et si la comète avait été déviée par une collision ou par un passage rapproché d'un autre corps céleste ? Difficile, sinon impossible de calculer avec précision les possibilités infinies offertes par la mécanique céleste. Par ailleurs, l'équipe *Giotto* se serait sentie bien ridicule si Halley, au moment prévu, n'était pas sortie de l'ombre.

Le 16 octobre 1982, en utilisant le grand télescope du mont Palomar, deux jeunes astronomes américains trouvèrent une tache diffuse, qui bougeait par rapport au champ étoilé de fond et qui se trouvait exactement sur la trajectoire prévue. Allégresse des astronomes et soupir de soulagement de l'ESA : Halley ne manquerait pas son premier rendez-vous avec un type d'objet nouveau et singulier du système solaire. Et en l'espèce, elle avait été repérée à la respectable distance de 1,6 milliard de kilomètres de la Terre, alors qu'elle n'était encore qu'une petite tache un million de fois inférieure à la limite de visibilité à l'œil nu, trois ans et demi avant son passage près de la Terre. L'astronomie de la Terre avait fait des progrès depuis l'époque de Johann Palitzsch et de Messier.

Les responsables de la mission *Giotto* avaient un autre problème à affronter : comment diriger la sonde avec la précision nécessaire pour passer à la « bonne » distance du noyau de la comète ; pas trop près pour ne pas s'écraser, mais le plus près possible pour pouvoir l'observer, en tenant compte de l'environnement de poussières à haute vitesse. Si l'on y consacre des efforts et des moyens suffisants, la position d'un satellite dans le ciel peut être mesurée avec la précision requise. Pour une comète, particulièrement Halley, il en va autrement : c'est déjà avec une forte erreur que l'on connaît son orbite « moyenne », puisque très peu de ses passages avaient été mesurés avec une précision suffisante au regard des normes modernes. En outre, les violents processus physiques en réponse au bombardement solaire pouvaient, en vertu du principe même d'action et réaction, altérer de façon significative et imprévisible la position du noyau et de la comète tout entière. Il se révélait nécessaire de prévoir des capacités de navigation considérables pour *Giotto*, ce qui posait des problèmes techniques et, surtout, entamait sérieusement les faibles réserves de masse encore disponibles avant le lancement, où le poids de *Giotto* ne pouvait excéder 960 kg. Finalement, pour ne courir aucun risque, on embarqua près de 70 kg de carburant pour les moteurs à réaction spéciaux, qui serviraient non seulement à garder sous contrôle l'assiette de la sonde, mais aussi à effectuer de véritables corrections de cap. L'abondance de carburant à bord était essentiellement motivée par un sain scepticisme, de la part des ingénieurs concepteurs et des responsables, qui doutaient de la capacité des savants et des astronomes à prévoir exactement l'endroit où se trouverait ce diable d'objet mystérieux, ce noyau qui avançait à 70 km/s et dont il faudrait s'approcher, si possible, à une distance de quelques centaines de kilomètres, au milieu d'une tempête de poussières cosmiques.

La compétition scientifique internationale, bientôt transformée en collaboration, représenta un atout fondamental pour la précision de la navigation de *Giotto*.

L'Union soviétique et le Japon avaient prévu d'envoyer chacun deux sondes pour intercepter la trajectoire de Halley. Avec des objectifs plus modestes que ceux de *Giotto* (en ce qui concerne la comète elle-même), elles devaient se contenter de passer à environ 10 000 km de son noyau pour les sondes russes, et à quelques centaines de milliers de kilomètres pour les japonaises. Lancées avant *Giotto*, elles auraient pu fournir des données importantes, voire cruciales, pour réduire la zone d'incertitude dans laquelle chercher le noyau de Halley.

Les deux sondes russes (mais avec un ensemble d'instruments international) s'appelaient *Vega 1* et *Vega 2*. Vega est la contraction des deux premières syllabes de « Venera » et de « Galley », c'est-à-dire les deux mots russes pour Vénus et Halley. C'était deux missions très hardies, conçues et réalisées à l'apogée de la puissance spatiale soviétique. *Vega 1* devait visiter Vénus et étudier son atmosphère, avant de se rapprocher de Halley. Elle s'en rapprocha, et comment ! Le 6 mars 1986 à 10 heures du matin (heure de Moscou), *Vega 1* passa à 8 912 km de son noyau. Avec *Vega 2* et la sonde japonaise *Sakigake* (Explorateur), elle aiderait considérablement *Giotto* dans sa chasse au noyau. Une collaboration aussi intense et étendue ne s'était encore jamais vue entre les agences spatiales de pays très différents, non pas nécessairement « amis » sur le plan politique, comme les quinze pays de l'ESA, l'ancienne URSS et le Japon. Seule grande absente, la NASA, qui avait opposé son grand refus, par myopie ou en raison de rivalités internes. Cela étant, la communauté scientifique des États-Unis participa avec compétence et motivation aux observations de *Giotto* et des autres missions.

Giotto, prête pour le lancement avec la même précision temporelle que celle avec laquelle on avait déterminé la vitesse d'approche de Halley, se trouvait au polygone de tir de l'ESA à Kourou, en Guyane française, à la fin du mois d'avril 1985. La fenêtre de lancement (l'intervalle de temps utile, calculé d'après les lois de la mécanique céleste, pour que le lancement permette à la sonde d'atteindre son objectif) s'ouvrait à 11 h 13 le 2 juillet et devait durer vingt-deux jours. Pour ne pas perdre de temps – et ne pas courir de risques –, après les ultimes contrôles, c'est ce même jour à 1 h 23 que *Giotto* fut lancée avec la fusée européenne *Ariane 1*. Tout se passa impeccablement et la sonde fut parfaitement placée sur son orbite en direction de Halley. Pour la petite histoire, il faut tout de même ajouter que la troisième variante d'*Ariane 1* présenta une anomalie de comportement non décelée par l'équipe ESA. Sans conséquence sur le lancement de *Giotto*, elle causa un mois plus tard l'explosion spectaculaire de la nouvelle *Ariane 1*, sous les yeux du président de la République française venu assister au lancement. Pour *Giotto*, tout eut lieu sans encombres, sur son élégante orbite interplanétaire en route vers la comète.

À la fin de l'année 1985, la distance de la Terre était déjà de 75 millions de kilomètres et augmentait de 1 million de kilomètres chaque jour. Il y eut quelques difficultés en janvier, lorsque l'excellent support fourni par les antennes terrestres de la NASA traversa une crise à la suite de la tragédie de la navette *Challenger*, qui explosa le 28 avec ses sept astronautes.

Le 4 mars, *Giotto* prit sa première image de la comète de Halley, encore distante de 59 millions de kilomètres, histoire d'essayer la caméra de bord. La qualité était excellente mais la distance encore trop importante pour avoir des détails. *Giotto* s'approchait de Halley au rythme de 6 millions de kilomètres par jour. Et comme elle, le reste de la flotte se dirigeait vers la comète. En l'espace de quelques jours (du 6 au 11 mars), *Vega 1* et *2*, *Sakigake* et *Suisei* (« comète ») firent d'excellentes observations sur la physique de la comète, notamment sur un point crucial pour *Giotto*, la position précise de son noyau. Grâce à ces sondes, il fut possible de déterminer la position du noyau et donc de contrôler le mouvement de *Giotto* avec une erreur finale de 50 km. À une distance de la Terre de 144 millions de kilomètres (plus ou moins égale à la distance entre la Terre et le Soleil), une pareille résolution dans la position est comparable à celle qu'il faudrait pour voir les pommes d'un arbre situé à 300 km de distance. Ce fut une aide immense pour *Giotto*, qui avait mis en marche tous ses appareils de mesure tandis que l'on effectuait les ultimes corrections de cap.

Les premières découvertes scientifiques arrivèrent immédiatement. Encore à une distance de 8 millions de kilomètres, les instruments de bord virent pour la première fois la zone d'interaction entre le vent solaire et la queue de la comète, puis la composition de l'enveloppe supérieure de la queue. Les premiers impacts de poussières ne tardèrent pas à arriver sur les analyseurs, confirmant ce qu'avaient vu en partie *Vega 1* et *2* : des particules de carbone, beaucoup plus petites mais aussi bien plus abondantes que prévu.

On touchait au moment crucial. Étant donné la vitesse de passage de *Giotto* près de Halley, ainsi que sa distance de près de huit minutes-lumière de la Terre, il était impossible de penser envoyer des commandes en temps réel. Pendant les trois heures précédant la rencontre, où 750 000 km restaient à parcourir, *Giotto* devait se débrouiller toute seule. Enfin, l'heure de la caméra couleur était arrivée. Même dans la tempête de poussières qui devait finir par l'endommager, la caméra parvint à prendre des images historiques, presque jusqu'au moment du passage le plus proche, à 596 km. Quelque 2 300 clichés, tranquillement analysés par la suite, composèrent une galerie de 50 images qui montrent pour la première fois le vrai visage de Halley.

Il s'agit d'un solide de forme irrégulière, légèrement allongé, d'une longueur de 14 km pour un volume global de 500 km^3. Avec une résolution variable de 60 à 300 m, de nombreux détails sont visibles en surface. Ce qui frappe immédiatement, c'est la présence de deux grandes sources de matériaux en cours de sublimation sous l'effet des rayons du Soleil. Les jets de matériaux lumineux semblent provenir de deux cratères, qui ne sont pas dus à un impact mais creusés par l'ablation du matériel sublimé. Un autre cratère, d'un diamètre de 2 km et d'une profondeur de 200 m, est bien visible sur le côté de Halley vers le Soleil, mais il n'était pas actif au moment du passage de *Giotto*. C'est toutefois la preuve d'une violente activité dans le passé. Le reste du noyau de Halley est noir, si noir qu'on a peine à l'imaginer, nous Terriens. C'est certainement l'objet le plus noir qu'on ait jamais vu dans notre système solaire (il absorbe 97 % de la lumière solaire incidente), ce qui confirme pleinement la théorie de la boule de neige recouverte par un composé organique carboné, pas très éloigné du goudron. Si c'est le cas, et si les images de *Giotto* le confirment, Fred Hoyle et Chandra

Wikramasinge pourraient vraiment avoir ouvert la porte à des idées neuves sur l'origine de la vie sur Terre, et donc dans le système solaire. L'environnement cométaire, à faible gravité, et la concentration de matériels organiques et d'eau pourraient avoir favorisé la formation de macromolécules prébiotiques. Une hypothèse fascinante.

Sur l'origine même de Halley, les images de *Giotto* fournirent un indice important. La présence de chaînes montagneuses de quelque 2 km de long, et de 100-200 m de haut, pourrait résulter d'une formation du noyau par conglomérat de morceaux plus petits, attirés par leur gravité réciproque pour se fondre en un objet plus lourd.

Il est difficile de spéculer sur le destin de Halley. Certes, à chaque passage près du Soleil, elle perd beaucoup de matière par sublimation. Néanmoins, on n'est pas sûr qu'une comète disparaisse lorsque tout son matériel volatil est sublimé. Il pourrait demeurer un corps noir, protégé par sa couche bitumineuse, désormais invisible bien qu'éclairé par le Soleil. Il existe des astéroïdes sombres de ce genre, difficiles à observer et à classer. Ce pourrait être, du moins en partie, des comètes éteintes et noires.

Mais en 2062, Halley sera de retour, encore en pleine forme. L'humanité a enregistré sa présence dès 640 av. J.-C. ; elle l'a peinte par la main de Giotto au XIVe siècle ; elle l'a étudiée avec Halley au XVIIIe siècle ; en 1910, elle l'a photographiée pour la première fois. Enfin, en 1986, elle a envoyé une sonde qui est passée à quelques centaines de kilomètres seulement de son noyau. Quelque chose d'inimaginable en 1910 encore, et qui fait désormais partie de l'histoire, écrite dans les manuels scolaires et les encyclopédies. Les enfants d'aujourd'hui verront Halley en 2062, une seule fois dans leur vie comme la plupart des êtres humains. Nous espérons qu'ils assisteront également à de nouvelles découvertes : des analyses *in situ* ? Des mines sur la comète ? L'imagination s'envole. Comme je vous envie, les jeunes !

Courant 2004, deux autres événements ont eu lieu dans l'astronomie cométaire. La sonde NASA *Stardust* a pris une série de photos de la comète Wild 2 à peu près à la même distance que *Giotto* de Halley mais avec une clarté d'image bien supérieure, comme le rendait possible la technologie vingt ans après. Au même moment, *Stardust* a ramené sur Terre des microéchantillons de la queue de la comète. Par ailleurs, l'ESA a lancé *Rosetta* vers la comète 67 P/Churyumov-Gerasimenko, qu'elle atteindra en 2014. La comète sera encore lointaine du Soleil et donc non perturbée : situation idéale pour l'atterrisseur de *Rosetta* qui exécutera *in situ* la première analyse d'une comète dans l'histoire de l'homme.

CHAPITRE 4

LES LUNETTES DE GALILÉE ET DE CASSINI

Galilée et les lunes de Jupiter

On dit que Galileo Galilei est né à Pise le jour même de la mort de Michel-Ange, le 15 février 1564. Cette année-là vit aussi naître William Shakespeare et mourir André Vésale, le père de l'anatomie moderne. À la fin de la Renaissance italienne et dans une Europe que les profonds changements introduits par la récente découverte du Nouveau Monde avaient plongée dans l'effervescence, Galilée eut de nombreux contemporains illustres : William Harvey, Cervantès et Lope de Vega ; Tycho Brahé, Gerardus Mercator et René Descartes ; Giordano Bruno, Francis Bacon et John Milton. Mais le contemporain qui a le plus influencé Galilée fut sans doute Johannes Kepler (1571-1630), le grand astronome, lui-même élève de Tycho Brahé.

Galilée grandit dans une famille où les sciences, les mathématiques et les arts – la musique notamment – avaient une grande importance. Son père Vincenzo était un compositeur et un théoricien de la musique. Ses pièces pour luth solo (rassemblées sous le nom de *Fronimo*) demeurent des œuvres de grande valeur, surtout comme travail de référence. Il semble que le jeune Galilée jouait du luth avec technique et sensibilité. Étudiant universitaire médiocre, manquant peut-être de détermination, il s'inscrivit à l'Université de Pise mais il ne décrocha jamais son diplôme de médecine – à l'époque la seule alternative à l'étude du droit.

Néanmoins, il manifestait un don évident pour les mathématiques, et il se fit connaître de certains des plus grands mathématiciens de Florence, puis de Rome. À 25 ans, il se vit confier un poste de professeur adjoint de mathématiques à Pise, mais avec le salaire le plus bas de toute l'université. Galilée n'aimait pas Pise, une ville étouffant sous le poids de règles académiques rigides, imposées aux étudiants comme aux professeurs. Vers 1590, Galilée – qui fut un excellent écrivain sa vie durant – y composa son plus long poème (et aussi le moins connu) : 301 vers *Contre le port de la toge*. Il s'agit d'un poème en tercets (*capitolo*) à la manière de Francesco Berni, dans le style mordant et licencieux de ce genre de pièces poétiques du XVIe siècle. Le prétexte lui en est fourni par cette injonction de l'Université de Pise : « De la Toussaint jusqu'aux vacances, les docteurs doivent revêtir leur robe… sous peine d'un demi-écu chaque fois qu'on les trouvera sans… »

L'université imposait aux professeurs de pouvoir être identifiés à tout moment au cours de l'année académique

– et pas seulement au sein de l'université. L'amende était salée, surtout si l'on pense aux 60 écus que Galilée gagnait par an. Son esprit rebelle et son jeune âge se manifestent en pleine lumière dans ce poème de 1590 : mieux vaut se promener tout nu que de porter la toge, un vêtement qui convient aux « prêtres gras » ou à « ceux qui mènent leurs affaires lentement », mais pas à « moi-même, qui dois souvent courir pour qu'un sbire ne me rattrape pas ». De façon plus explicite encore, il est des circonstances où l'on préfère ne pas se faire trop remarquer : il est inconvenant qu'« un docteur aille chez les putains : la gravité de la toge ne le permet pas... ». Le poème tout entier est fort réjouissant à lire et met au jour des aspects peu connus de la personnalité complexe de Galilée.

Toutefois, le jeune Pisan nourrissait de bien plus hautes aspirations. Par les bons offices d'un ami puissant – comme nous le verrons plus loin –, il accepta volontiers une chaire de mathématiques à l'Université de Padoue, en 1592. Le 7 décembre, il tint une leçon inaugurale qui attira les étudiants en masse et fut un franc succès : « *Exordium erat splendidum, in magna auditorium frequentia* », rapportent les chroniques universitaires. Pendant les dix-huit ans qui suivirent, Galilée passa à Padoue la période la plus heureuse de sa vie. Il profita en particulier de la liberté de pensée accordée à l'université par le gouvernement éclairé de la Sérénissime République de Venise.

Quelques années plus tard, l'intérêt de Galilée pour les mathématiques et la mécanique s'étendit à la physique, puis à l'astronomie. C'est probablement la Stella Nova de 1604 – que nous connaissons aujourd'hui comme la supernova de Kepler – qui suscita l'intérêt de Galilée pour cette matière. Il donna une célèbre leçon sur ce thème, à nouveau devant un auditoire nombreux, soutenant que la Stella Nova pouvait se situer au-delà de toutes les planètes, dans la sphère des étoiles fixes. En revanche, il n'en tira curieusement pas la conclusion que cette sphère ne pouvait donc pas être aussi parfaite et immuable que le prétendaient Aristote et l'Église.

Entre-temps, la technologie avait progressé en Europe. La nouvelle d'une « lunette » mise au point en Hollande parvint jusqu'à Venise, avec l'instrument. Galilée commença à travailler d'arrache-pied dans son laboratoire, produisant à ses frais et souvent de ses propres mains plus de 60 télescopes pour obtenir enfin un instrument servant à l'observation des étoiles.

Les derniers jours de 1609, il regarda les étoiles, la Voie lactée (dont il apparut pour la première fois qu'elle était formée d'étoiles), la Lune (et ses montagnes), accumulant découvertes et expérience.

Jusqu'à ce jour fatal, le 7 janvier 1610, où il observa Jupiter, « *incredibili animi jucunditate* » (pour la joie extraordinaire de mon esprit) selon ses mots. Nous avons la chance inouïe de posséder un document rédigé et illustré par Galilée en personne, contenant ses observations, ses écrits et ses notes, nuit après nuit.

Immédiatement, tout devient évident. Autour de Jupiter gravitent quatre « astres », qu'on appellera plus tard « Io », « Europe », « Ganymède » et « Callisto », d'après la mythologie grecque. À l'époque, Galilée les baptisa « Astres médicéens », en l'honneur du grand-duc de Médicis de Toscane.

Grâce à cette découverte et à une dédicace bien ciblée, Galilée ne devait pas tarder à devenir le philosophe de cour à Florence, sa grande ambition. Ce fut là peut-être aussi sa plus grande erreur : comme il allait bientôt s'en rendre compte, Florence était plus proche de Rome que ne l'était Venise.

Galilée ne se contenta pas d'avoir vu le premier les « Astres médicéens » et d'avoir compris qu'il s'agissait de corps tournant autour de Jupiter. Dans le plus pur style du savant moderne – voire en l'inaugurant –, il souhaita publier immédiatement sa découverte. Il savait que d'autres télescopes, bien que de précision inférieure, existaient en Europe et il voulait être le premier. Il commença ainsi à rédiger un petit ouvrage dans un latin concis et élégant, pour raconter l'histoire de sa récente découverte astronomique en s'arrêtant longuement sur les satellites de Jupiter. Cela devint le premier travail fondamental de Galilée : le *Sidereus Nuncius*, ou le *Message Céleste* (et non « Messager » comme on l'a traduit à tort pendant des siècles), avec des illustrations tirées d'aquarelles de l'auteur.

Ce qui est particulièrement fascinant dans le *Sidereus Nuncius*, c'est la rapidité avec laquelle il a été préparé, c'est-à-dire conçu, puis écrit et imprimé. Nous l'avons dit, Galilée entreprit d'observer Jupiter le 7 janvier. Il y eut plusieurs nuits nuageuses (janvier à Padoue n'est certes pas le mois idéal pour l'astronomie), mais il poursuivit ses observations jusqu'à la fin du mois, pour faire définitivement la lumière sur la rotation des satellites et infliger ainsi un coup fatal à la cosmologie de son époque. Après quoi, il coucha le tout sur papier et se rendit (en gondole, aimons-nous à penser) chez l'éditeur Baglioni de Venise, qui commença à travailler sans attendre pour composer à la main chacune des pages élégantes et les mettre sous presse – manuelle, elle aussi.

Finalement, le 12 mars, 550 copies étaient prêtes à être distribuées. Les opérations d'imprimerie à proprement parler avaient été d'une rapidité étonnante : le Conseil des Dix accorda la permission d'imprimer le 1er mars, et le livre comportant trente-neuf feuillets fut enregistré le 8. Emporté par l'enthousiasme, Galilée tricha un peu : le texte contient des observations menées le 2 mars, donc après que « les Supérieurs » eurent donné leur permission et de ce fait gelé le contenu de l'ouvrage.

Dans tous les cas, soixante-quatre jours seulement séparèrent la première observation de Jupiter avec la nouvelle « lunette » d'un livre qui proposait une vision totalement neuve du ciel, avec tout ce que cela impliquait : voilà peut-être le signe le plus évident du génie et du courage de Galilée.

Le livre rencontra un succès immédiat à Venise et dans toute l'Europe grâce au service postal efficace de la Sérénissime. Mais il existait un seul homme en Europe dont l'opinion comptait vraiment pour Galilée : Kepler, le « mathématicien de cour » pragois. Il semble que Kepler ait appris la nouvelle de la découverte de Galilée le 15 mars, par l'ambassadeur de l'empereur à Venise. Un peu plus tard, il reçut sa copie du *Sidereus Nuncius*, quelques jours seulement après l'empereur. Kepler comprit immédiatement le sens fondamental du livre de Galilée. Le 19 avril, il lui écrivit une longue lettre enthousiaste, publiée par la suite à Francfort sous le titre de *Dissertatio cum Nuncio Sidereo* et (à la demande de Galilée) dédiée à Giuliano de Médicis, ambassadeur du grand-duché de Toscane auprès de l'empereur.

Mais le fait que cette dissertation appuyait les découvertes de Galilée, et qu'elle était de la main du prestigieux auteur de l'*Astronomia Nova* – publiée quelques mois auparavant – ne suffisait pas. Les ennemis ou simples sceptiques abondaient, et les étoiles de Galilée n'étaient pas si faciles à distinguer, notamment parce que tout le monde n'utilisait pas la « lunette » avec l'esprit ouvert et libre. C'était le cas des collègues de Galilée à l'Université de Padoue, qui aimaient à dire que regarder à travers le télescope « obscurcissait leurs esprits ». D'un tempérament colérique, Galilée réagit d'ailleurs en écrivant un poème, la *Canzone contro le stelle medicee ingiustamente oppugnate* (Chanson contre les astres médicéens injustement contestés), initialement commandé à un poète florentin – sans doute insuffisant – puis réécrit par Galilée en personne.

Vers juillet-août, Jupiter réapparut, permettant à Galilée de mener de nouvelles observations et de confirmer ainsi les données relevées en janvier. Kepler fit de même, car Galilée lui avait fait adresser à Cologne un bon télescope. Kepler confirma sans attendre l'existence, le nombre et le mouvement de ces « Astres médicéens », publiant à son tour une *Narratio de Jovis Satellibus* à Francfort en 1611. Ce travail s'ouvre par la phrase « *Temporis filia veritas* » (La vérité est fille du temps) et se termine par ces vers célèbres :

Keplerus, Galilee, tuus tua sidera vidit
tanto quis dubitet credere teste tibi ?
Vicisti, Galilee

à savoir :

Ton Kepler, Galilée, a vu tes étoiles :
avec pareil témoin, qui doutera de toi ?
Tu as vaincu, ô Galilée !

Une autre confirmation influente, plus encore que celle-ci peut-être, fut bientôt fournie par le père Christopher Clavius, le jésuite astronome du Collège romain. Ami de longue date et admirateur de Galilée, il prit là une position admirable, quand on pense au futur litige entre Galilée et l'Église. Il ne fallut pas moins que le cardinal Bellarmin, inquisiteur à Rome qui, inquiet de la signification des découvertes de Galilée, nomma une commission d'experts de l'Église, les jésuites du Collège romain. Emmenés par Clavius, ces derniers signèrent en 1611 un courageux document où ils confirmaient point par point chacune des découvertes de Galilée : oui Jupiter a des satellites, oui la Lune a des montagnes, Vénus a des phases et ainsi de suite. Toutes ces observations appuyaient la thèse de la non-incorruptibilité des corps célestes et du système copernicien héliocentrique. Bellarmin classifia ce document dans les archives secrètes du Vatican. Il fonda la longue bataille qui suivit non tant sur les observations en soi que sur le droit de les publier, de les enseigner, et surtout de les interpréter dans une perspective copernicienne.

Remarquons que le *De revolutionibus orbium caelestium* même de Copernic, publié en 1543, ne se trouva pas d'emblée en difficulté avec l'Église. À en croire son introduction, il ne s'agissait là que de théories, de jeux mathématiques reposant sur des hypothèses abstraites (« *ex suppositione* »), à considérer plus ou moins comme des exercices académiques.

Mais quand Galilée commença à enseigner les théories coperniciennes et à les étayer de preuves indiscutables, le danger devint trop grand pour les idées que défendait l'orthodoxie catholique. En 1616, le livre de Copernic fut ainsi mis à l'*Index Librorum Prohibitorum* avec la formule « *donec corrigatur* » (jusqu'à ce qu'il soit corrigé). Bellarmin mit expressément en garde Galilée de ne pas « prendre pour vraie, défendre ni enseigner » l'opinion que le Soleil était le centre du monde. Bien entendu, Galilée refusa de l'écouter et nous savons comment cela se termina. L'origine de toute cette affaire fut sans nul doute la découverte du ciel avec le télescope, en 1610, suivie de celle des satellites de Jupiter et de la publication du *Sidereus Nuncius*.

Ce petit livre porta son message culturel et révolutionnaire dans l'Italie de l'après-Renaissance (le peintre Caravage mourut la même année) et dans l'Europe de la révolution scientifique : quelques années auparavant (1605), Francis Bacon avait publié son *Advancement of learning* et, nous l'avons vu, l'*Astronomia Nova* de Kepler sortit quelques mois avant le *Sidereus*. En 1603, Federico Cesi fonda ce qui demeure la plus ancienne société scientifique du monde, l'Académie des Lincei, dont Galilée devint bientôt membre. Les Lincei tinrent lieu de modèle pour les célèbres académies fondées en France et en Angleterre au cours de ce même siècle. En moins de trente ans, l'Europe put donc lire *Harmonia Mundi* de Kepler (1619), *Novum Organum* de Bacon (1620), *De motu cordis* de Harvey (1628) et le *Discours de la méthode* de Descartes (1637), outre les ouvrages de Galilée bien entendu.

La publication du *Sidereus Nuncius* marque la fin de la période padouane de Galilée, à l'en croire les « dix-huit plus heureuses années de sa vie ». Et pourtant, du point de vue humain et sentimental – et selon les normes modernes –, tout n'était pas rose. Il avait entretenu pendant douze ans une relation *more uxorio* avec la très belle Vénitienne Marina Gamba, dont l'unique défaut consistait à n'être pas d'assez haut lignage pour les aspirations de Galilée.

Alors qu'à Padoue Galilée résidait Borgo dei Vignali (aujourd'hui rue Galileo Galilei), Marina resta à Venise jusqu'en 1600 ; lorsque, enceinte, elle prit un petit logement à Padoue, sur le ponte Corvo, près de chez Galilée. C'est là qu'est née Virginia, l'aînée, « de la fornication » comme l'indique crûment le registre de la paroisse, en l'absence d'un père époux de la mère. Un an plus tard naquit Livia Antonia, « fille de Madonna Marina Gamba et de... » : avec pudeur, on déclare cette fois-ci le père inconnu. Cinq ans après, en 1606, naît Vincenzio Andrea, et là le registre indique « père incertain ». La paternité de Galilée ne fait en revanche pas l'ombre d'un doute : sa vie future en témoigne, de même que le choix des prénoms, tous inspirés de la famille Galilei.

En n'épousant pas leur mère, Galilée savait qu'il condamnait ses filles au couvent, l'unique solution convenable à l'époque. Pour son fils par contre, le grand-duc dut intervenir en personne et user de son pouvoir pour le légitimer et lui permettre de porter le nom de « Galilei » (qui remonte à Galileo Buonarroti, médecin florentin du XVe siècle). Du reste, dès 1609, la fille aînée Virginia avait déménagé à Florence, chez sa grand-mère paternelle Giulia Galilei Ammannati. L'année suivante, Galilée, devenu « mathématicien et philosophe de cour » du grand-duc, quittait Padoue (et Marina) pour toujours, emmenant Livia et laissant encore quelques années le petit Vincenzio à sa mère. Peu après, celle-ci épousa un certain Giovanni Bartoluzzi, avec le plein accord de Galilée qui lui trouva d'ailleurs un emploi, et envoya régulièrement de l'argent pour l'entretien de Vincenzio – avant que lui aussi ne s'installe à Florence.

Les mémoires de loin les plus touchants des rapports familiaux de Galilée proviennent de la correspondance qu'il a entretenue avec sa fille Virginia, entrée à 13 ans au couvent de San Matteo in Arcetri en compagnie de sa sœur Livia, par dispense spéciale du cardinal. De 1623 jusqu'à sa mort en 1634, huit ans avant celle de Galilée, sœur Maria Céleste eut un échange épistolaire suivi avec son père – sans par ailleurs jamais faire mention de sa mère. Cette correspondance a été récemment publiée et excellemment commentée par Dava Sobel[1].

Il est difficile de comprendre une vie familiale aussi tourmentée, torturée, sans raison apparente, si l'on ne tient pas compte de deux éléments : d'une part, l'ambition et la détermination infinies de Galilée, dérivant de la conscience de sa valeur ; de l'autre, le contexte du XVIIe siècle, en ce qui concerne notamment les positions académiques et la recherche. Tout était fondé sur le clientélisme, non tant au sein de l'université – qui avait pourtant ses « barons » – que dans le monde politique.

Si Galilée était parvenu à décrocher les deux chaires de Pise et de Padoue, c'était grâce à l'appui déclaré de Guidobaldo del Monte – qui n'avait toutefois rien obtenu avant la nomination au rang de cardinal de son frère, Francesco Maria del Monte. De façon analogue, une fois à Padoue, Galilée rechercha la protection de puissants Vénitiens, à commencer par Gianfrancesco Sagredo. Lors-

1. Dava Sobel, *La Fille de Galilée*, traduction française par Christian Clerc, Paris, Odile Jacob, 2001.

qu'en 1608 Sagredo devint ambassadeur de la Sérénissime en Syrie, Galilée s'appuya sur le réseau de nobles vénitiens qu'ils avaient développé ensemble (Morosini, Venier, Priuli et autres).

En 1609, conscient que le télescope qu'il possédait lui conférait un lustre et un pouvoir qu'il pouvait exploiter en haut lieu, Galilée passa à un protecteur d'un niveau nettement plus élevé : Cosme II de Médicis, le tout jeune grand-duc qui avait été son élève. Galilée réussit à faire carrière par le seul moyen possible à l'époque, l'appui de nobles puissants. Dans ce contexte, on saisit mieux l'incompatibilité entre Maria Gamba et les aspirations de Galilée. Mais pour nous, il est plus difficile de comprendre le manque d'attachement – en apparence du moins – pour une femme qu'il avait aimée pendant douze ans et qui lui avait donné trois enfants, arrachés à leur mère encore petits et sans aucun regret.

La position de Galilée à Florence fut brillante : philosophe de cour du grand-duc mais aussi professeur à l'Université de Pise sans obligation d'enseignement (obligation que l'université aurait prise très au sérieux), il touchait l'un des salaires les plus élevés du grand-duché, ce qui lui permettait de faire face à toutes les dépenses possibles. Néanmoins, à Florence, Galilée se trouvait entièrement dépendant de Cosme II, jeune et de santé fragile. Sagredo le lui faisait lourdement remarquer, contrarié que Galilée ait quitté Venise : selon lui, il y aurait été définitivement à l'abri, soutenu par toute la noblesse de la République et non par un seul prince. Cosme II mourut en 1621, encore très jeune, laissant un fils mineur, Ferdinand XI qui ne deviendra grand-duc qu'en 1628. Même si à cette époque personne ne remettait en question son excellente position,

Galilée éprouva le besoin d'avoir des protecteurs toujours plus haut placés, donc à Rome. Le prince Cesi, fondateur de l'Académie des Lincei, puis Maffeo Cardinal Barberini, son grand ami – dans un premier temps – qui devint le pape Urbain VIII en 1623.

Pour Galilée, l'élection d'Urbain VIII représente précisément l'occasion de sa vie. Tout comme il avait dédié, avec un grand esprit d'à-propos, le *Sidereus Nuncius* à Cosme II quelques années après sa nomination au rang de grand-duc, c'est au pape Urbain VIII qu'il dédia *Il Saggiatore* (*L'Essayeur*). Et ce fut presque un hasard, ou plutôt une démonstration supplémentaire du talent de Galilée pour saisir les occasions au vol : *L'Essayeur* avait été mis sous presse en 1623 mais, lors de l'élection d'Urbain VIII le 6 août, il n'était pas encore prêt. Eh bien ! quand il finit par sortir, en octobre, il portait l'élégante dédicace de Galilée au nouveau pape.

Comme on le sait, au cours des dix années suivantes – c'est-à-dire jusqu'à sa condamnation en 1633 – les relations entre Galilée et le pape se détériorèrent de façon régulière et irréversible. Dans son bel ouvrage *Galileo Courtisan*, Mario Biagioli remarque une coïncidence entre l'aggravation de la position de Galilée à Rome (à partir d'un certain moment, Urbain ne le recevra plus) et la mort de deux puissants protecteurs : le cardinal del Monte en 1624 et le prince Cesi, encore jeune, en 1630. Même si la principale raison de son accusation, puis de sa condamnation, par le Saint-Office fut sans aucun doute le *Dialogue sur les deux principaux systèmes du monde* (paru en 1632 à Florence). Face aux difficultés, Galilée se retrouva seul, avec pour seul véritable allié le grand-duc de Toscane. Certains ont d'ailleurs émis l'hypothèse que c'est précisément grâce à l'intervention de l'ambassadeur de Toscane que la condamnation de Galilée a finalement été plus modérée que ce qu'elle aurait dû être.

Après son aventure romaine, vieux, malade et prisonnier de fait dans sa maison *Il Gioiello* à Arcetri, Galilée cherchera encore les faveurs et la protection des Médicis à travers le jeune prince Léopold, l'un de ses grands admirateurs. Et en effet, dans ce qui devait être pour le Saint-Office un exil rigoureux – avec interdiction de publication et de contacts avec des étrangers –, Galilée reçoit Thomas Hobbes en 1636 et John Milton en 1638, outre plusieurs élèves importants (de Viviani à Torricelli). Par ailleurs, il trouve le moyen en 1638 d'envoyer son *Discours* en Hollande, où Elsevier le publie.

L'attention que portait Urbain VIII à Galilée – vieux et reclus – était d'ordre maniaque. Lorsque l'ambassadeur de Toscane écrivit au Saint-Office le 23 mars 1634, intercédant pour que l'on permette à Galilée de revenir à Florence, la réponse du Sanctissimus – indirecte bien sûr – fut sans appel : non seulement il refusa cette permission, mais il enjoignit à Galilée de s'abstenir de pareilles requêtes pour ne pas obliger le Saint-Office à le jeter en prison. Quelques mois plus tôt pourtant – le 1er décembre 1633 –, le Sanctissimus avait autorisé son transfert à Arcetri « *ubi vivat in solitudine* ». Par ailleurs, le pape faisait très attention à distinguer entre les visiteurs catholiques et hérétiques : il redoutait de façon évidente que Galilée puisse fournir à des envoyés d'Allemagne ou des Pays-Bas des instruments ou des moyens de naviguer « à la perfection sur la longitude du pôle ».

Le 8 janvier 1642, Galilée meurt à presque 78 ans des complications d'une longue série de maladies (rhumatismes, hernie épigastrique, etc.) qui l'avaient tourmenté pendant des dizaines d'années. Même après sa mort, Urbain VIII continua de craindre ses idées et il empêcha la construction de monuments au « cadavre de celui qui a été condamné par le Tribunal de la Sainte Inquisition ».

Il fallut attendre 1743, près d'un siècle plus tard, pour qu'on érige enfin un monument à Galilée, à Santa Croce. Mais là encore, la Sacrée Congrégation exigea de connaître le contenu de l'inscription à graver sur le monument afin d'en décider au préalable. Bref, la censure s'exerça même un siècle après sa mort. Pourtant, quelques années auparavant, en 1728, James Bradley avait fini par découvrir ladite « aberration » (qu'on appelle de nos jours « parallaxe annuelle »). C'est toutefois Bessel, à l'observatoire de Königsberg, qui fournit en 1829 la preuve définitive, fondée sur la mesure du mouvement apparent des étoiles, que la Terre tourne autour du Soleil, comme les Lunes galiléennes tournent autour de Jupiter.

Si, en nombre de pages, l'astronomie occupe une place minoritaire dans l'œuvre de Galilée, ce sont sans conteste ses observations – et ses interprétations – astronomiques qui lui valurent la gloire posthume, mais aussi le drame qu'il vécut. Tout de suite après les brillantes applications concrètes et militaires de la lunette, Galilée démontre dans le *Sidereus Nuncius* que Jupiter est un petit système solaire copernicien et que la Lune n'est pas le corps éthéré, parfait, aristotélicien comme tout devait l'être dans le ciel, mais qu'elle a des montagnes très banales et très solides dont les cimes, comme sur Terre, sont éclairées les premières par les rayons du Soleil levant. Et la Voie lactée – sur la nature de laquelle on avait tant fabulé – n'est rien d'autre en fait qu'une multitude d'étoiles, enfin observées grâce à la « lunette ». Même après la publication du *Sidereus Nuncius*, Galilée continua de faire d'importantes observations : à la fin du mois de juillet 1610, il se concentra sur Saturne. Il découvrit qu'elle n'était pas un simple globe rond, mais qu'elle avait deux protubérances : « oreilles » ou « manches » les appela-t-il parfois. Conformément à la coutume de l'époque, il camoufla sa découverte dans une anagramme, « smaismrmilmepoetalevmibunenugttaviras », qu'il résout peu après, le 13 novembre, indiquant son vrai sens : « *Altissimum Planetam Tergeninum Observavi* » (J'observai que la planète la plus lointaine était faite de trois parties). La tentative de Kepler (préoccupé par les résultats de son rival et ami) de la résoudre est des plus singulières : « *Salve Umbistineum Geminatum Martia Proles* » : latin de cuisine et solution inexacte de l'anagramme. Pourtant, Kepler semble y voir des satellites de Mars : nous connaissons maintenant leur existence, mais ils étaient totalement invisibles à la lunette de Galilée.

Quelques mois plus tard, l'histoire se répète avec Vénus. En décembre, Galilée observe ses phases, assurant fournir une nouvelle preuve solide de la théorie copernicienne. Il propose l'anagramme « *Haec immatura a me iam frustra leguntur o.y.* » qui, une fois résolue, donne : « *Cynthiae Figuras Aemulatur Mater Amorum* » (Vénus, la mère des amours, simule les configurations de la Lune). Extrêmement inquiet, Kepler tente une solution, à nouveau inexacte : « *Nam Jovem Gyrari Macula Hem Rufa Testatur.* » Mais étonnamment, il y est fait allusion à une « tache rouge » pour Jupiter. Or si nous savons aujourd'hui qu'elle existe, elle était assurément invisible à Galilée, comme les satellites de Mars.

Au début de l'année 1612, autre grande découverte : les taches sur la surface du Soleil. Mis à part la question de la paternité de l'observation (disputée par le père Christoph Scheiner, peut-être à juste titre), Galilée fut en tout cas le premier à en donner la bonne interprétation, y compris celle de la rotation du corps solaire.

C'est la somme de toutes les observations et interprétations astronomiques de Galilée qui démolit à jamais le ciel immuable aristotélicien ainsi que le système compliqué de Ptolémée. Plus grave encore, elles contredisent la lettre des Écritures, comme dans le célèbre passage du « Arrête-toi, ô Soleil ». Néanmoins, le cardinal Bellarmin avait déjà compris que les observations de Galilée étaient vraies et que la lunette était « archi-véridique » – selon les propres termes de Galilée. Dès 1611, nous l'avons vu, les astronomes jésuites du Collège romain effectuaient une expertise et confirmaient point par point, de façon significative, les observations de Galilée.

En fin de compte, le Saint-Office et Urbain VIII ne condamnèrent Galilée que formellement, pour avoir enfreint les lois sur l'*imprimatur* de ses livres. Ils le condamnèrent et le forcèrent à abjurer parce qu'il ébranlait et remettait en question l'autorité de l'Église en tant qu'unique interprétation des Écritures. Mais Galilée n'était pas Giordano Bruno, brûlé vif pour hérésie quelques décennies auparavant. Galilée était un catholique croyant. C'était aussi un savant, qui avait manifestement vu juste.

Jusqu'au bout, le souci réel d'Urbain fut que les découvertes de Galilée, potentiellement très utiles pour la navigation, ne finissent pas entre les mains d'hérétiques ou de protestants. Philosophie ou religion, la question n'était pas là : les satellites de Jupiter pouvaient (et

Cassini le démontrera) amener à déterminer la longitude, même dans des mers lointaines. Avec une Terre encore à découvrir et à exploiter, Urbain VIII craignait donc que, dans son exil, Galilée n'entre en contact avec les émissaires d'Allemagne et de Hollande. Voilà la meilleure démonstration que Galilée avait raison et que l'Église, de mauvaise foi, le savait et voulait garder pour soi, ou du moins contrôler, le pouvoir qui résultait directement de ce savoir.

À l'époque de Galilée, les instruments d'optique pour regarder des objets lointains (les étoiles dans le ciel) ou pour étudier des choses minuscules (l'anatomie des insectes) n'avaient pas encore un nom universellement partagé. Confidentiellement, Galilée appelait *occhiale* ou *cannocchiale* (*cannone* + *occhiale*, un long tube avec sa lunette) ce qui était mieux connu comme *specillum* ou *tubus bilens* et que le prince Cesi appelait à juste titre *uranoscopio*. Vers 1611 s'affirma grâce à Dimisiani un autre terme composé provenant du grec : *telescopio*, le nom encore en usage. C'est grâce à cet instrument que Galilée accomplit sa révolution en astronomie, mais aussi en cosmologie et en philosophie : les Lunes de Jupiter, avec leurs révolutions, faisaient voler en éclats le ciel aristotélicien. Et pourtant, le « télescope » de Galilée n'allait pas beaucoup plus profondément – deux magnitudes peut-être – que l'œil humain.

En ce qui concerne l'autre instrument, Galilée s'y référait comme à la « lunette pour voir de près les choses très petites ». Des savants bien intentionnés proposèrent aussi le terme *enghioscopio* (du grec « de près »), évidemment symétrique de *telescopio*. *Ponoscopio* (du grec « avec peine, difficulté ») circula également : cela en dit long, peut-être, sur les problèmes que rencontrèrent les premiers utilisateurs du microscope. Finalement, c'est Francesco Stelluti qui introduisit vers 1625 le nom actuel *microscopio*. Ainsi, en moins de deux décennies (de 1611 à 1625), non seulement on commença à employer les deux instruments d'optique les plus importants de la révolution scientifique, mais on leur donna également le nom qu'ils portent encore.

Jean-Dominique Cassini : Saturne, et bien d'autres choses encore

Perinaldo est un magnifique village ancien situé sur les collines liguriennes, avec vue sur la mer de Bordighera. Son origine remonte au XIe siècle où elle fut fondée par le comte Rinaldo di Ventimiglia (« Poggio di Rinaldo » devint avec le temps « Perinaldo »). Tout d'abord, le domaine fut la propriété du marquis Doria, puis il passa aux Grimaldi, évêques de Monaco. Enfin, au XVIIe siècle, les ducs de Savoie inclurent Perinaldo dans le comté de Nice.

Le 8 juin 1625, Gio. Domenico Cassini vit le jour à Perinaldo. Il provenait d'une famille de modestes propriétaires terriens et de notaires, peut-être d'origine siennoise, aisés mais sans dispositions particulières pour la culture, encore moins pour la science. Gio. Domenico reçut l'éducation que l'on pouvait attendre d'une famille bourgeoise éclairée du XVIIe siècle : tout d'abord d'un oncle paternel et d'un précepteur qui remarquèrent bien vite que le jeune garçon était spécialement doué. On l'envoya donc à la paroisse voisine de Vallebona, que le père Giovanni Aprosio dirigeait. Cet homme avait de la culture et de l'intelligence, il lui prodigua une éducation littéraire classique, et religieuse bien sûr, de base et comprit, lorsque Cassini avait à peu près 13 ans, qu'il devait recevoir un enseignement beaucoup plus approfondi. À l'époque, la meilleure solution était sans nul doute Gênes et son collège jésuite. Il siégeait dans le nouveau et prestigieux palais central, dont la construction avait commencé en 1633 et qui était très vite devenu le barycentre culturel de la ville (aujourd'hui s'y trouve l'université).

Riche d'histoire, de gloire militaire et de succès commerciaux, Gênes pouvait mettre à la disposition de l'Église et du cardinal archevêque Durazzo une classe dirigeante cultivée. Les Jésuites en étaient naturellement les instituteurs, en vertu d'une tradition et d'un engagement bien assis dans l'ensemble du monde catholique. Ils avaient notamment élaboré la *Ratio Studiorum*, un système de règles d'éducation – dans les grandes lignes encore en usage aujourd'hui – qui veillait, tant sur la forme que sur le fond, au développement bien cadré des jeunes esprits. La Compagnie de Jésus fondée en 1534 par le noble espagnol Ignace de Loyola avait entre autres pour objectif de refaçonner l'ensemble de la société autour du pouvoir et du contrôle de l'Église romaine, en exploitant des moyens *ad hoc*. À l'égard des hérétiques, des personnes soupçonnées de l'être ou simplement des intellectuels potentiellement dangereux, comme Giordano Bruno et même Galilée, ils fournissaient le conseil technique et culturel requis par la Sainte Inquisition au cas par cas. Pour les populations du monde toujours plus étendu du XVIIe siècle, ils apportaient la matière et la structure servant à organiser la propagation de la foi catholique à travers un très vaste réseau de missions. Toutefois la Compagnie de Jésus – hier comme aujourd'hui – se donnait pour tâche principale de former et de contrôler une puissante classe dirigeante laïque sur laquelle l'Église puisse compter. Le système d'éducation *Ratio Studiorum* ne comprenait pas seulement les programmes prévus pour les différentes matières. Il indiquait, par exemple, comment encourager et établir une véritable hiérarchie culturelle entre les élèves d'une même école et ceux des différentes écoles : ils devaient se livrer à des défenses de thèses et à des débats publics parfois spectaculaires. Sous la conduite directe du cardinal Lupo ou de Durazzo en personne, on avait ainsi instauré à Gênes une compétition palpitante entre les jeunes gens ; dans le même temps, on donnait aux citoyens une démonstration du pouvoir et de l'efficacité de la Compagnie de Jésus.

Sur un jeune homme brillant, comme l'était Cassini, une éducation rigoureuse, mais éclairée et motivante, ne pouvait qu'avoir un effet positif. C'est d'ailleurs avec plaisir qu'il l'évoque dans ses mémoires, écrits en français à la fin de sa vie. En 1645, alors qu'il avait à peine 20 ans, on le citait déjà explicitement comme la gloire du collège : « [...] parmi nos élèves externes, nous comptions le célèbre mathématicien Jean-Dominique Cassini... » Il est important de mettre l'accent sur l'éducation globale et systématique reçue par Cassini (ici comme ailleurs bien différent de Galilée), qui acheva les deux cycles prévus. Le premier était un diplôme d'humanités de base ; le second un cycle d'approfondissement appelé justement « *ad perfectam eloquentiam* », centré sur la maîtrise de la rhétorique et de la composition latine, en prose et en vers.

Cassini tirera profit toute sa vie de son éducation classique, écrivant à l'occasion d'élégantes poésies et faisant preuve d'un art oratoire captivant n'importe quel auditoire. Toutefois, il ressentait un besoin de profondeur que seule l'étude des mathématiques pouvait combler. Elle reposait à l'époque sur les mêmes ouvrages classiques que ceux avec lesquels Galilée s'était formé : Euclide, les tables Alphonsines, les tables Rodolphines, etc.

À Gênes, Cassini fut aussi confronté, sans doute pour la première fois, à l'un des passe-temps culturels les plus en vogue chez les intellectuels et les puissants de l'époque : l'astrologie. Il est compréhensible que cette activité, encore peu distincte de l'astronomie, ait attiré un jeune homme intelligent, désireux de se faire remarquer et accepter par un milieu social plus élevé que le sien. Bref, Cassini se lance dans des prévisions fondées sur les astres et, naturellement, il arrive qu'il mette dans le mille. Mais il se repent tout de suite après : sa foi catholique et surtout son rationalisme scientifique ne lui permettent pas de souscrire à ce qu'il comprend être une sottise antiscientifique. Il brûle alors, semble-t-il, tout ce qu'il possède sur l'astrologie et se propose de devenir mathématicien et astronome à plein temps.

Pourtant, c'est peut-être bien l'astrologie qui allait permettre à Cassini de franchir l'étape suivante – et déterminante – de sa longue carrière. Le pape Innocent X (successeur en 1644 de cet Urbain VIII qui ordonna la condamnation de Galilée) entreprit en 1649 une expédition militaire contre le duc de Parme, aux confins de l'État pontifical. Or il la confia à un capitaine bolognais qui avait eu vent de la réputation de Cassini en tant qu'astrologue. On le consulta alors : il annonça la victoire du pape, qui survint en effet. Lorsque le puissant marquis de Malvasia, un noble bolognais amateur d'astrologie et possesseur d'un observatoire d'astronomie entendit parler de son exploit, il l'invita à Bologne en 1649. Par une heureuse coïncidence, à la mort de Bonaventura Cavalieri, la prestigieuse chaire d'astronomie se libérait dans la plus célèbre et ancienne université pontificale. Cassini l'occupa en 1651, dès qu'il eut les 25 ans exigés par la loi. Pendant les vingt années suivantes, Cassini incarnera à Bologne la référence pour l'astronomie ; mais il fera plus encore, grâce à son intelligence, son éclectisme et sa puissante volonté d'affirmation personnelle.

Outre le cours universitaire qu'il donne sur la *Theorica Planetarium*, Cassini se lance dans des observations d'astronomie ; il les mène avec les instruments encore imparfaits mis à sa disposition par l'enthousiaste comte Malvasia dans son observatoire privé de Pantano. Vers Noël 1652, une comète transite par le zénith de Bologne. Cassini l'observe et il lui consacre son premier véritable travail scientifique, intéressant tant pour la présentation des données que pour leur interprétation : la comète est certes une émanation de l'atmosphère terrestre, mais sa position par rapport aux étoiles fixes la situe au-delà de l'orbite de Saturne... Cassini, bien qu'il n'ait pas encore 30 ans, caresse un projet grandiose, inspiré par une motivation scientifique profondément moderne. Conscient des limites de précision des instruments traditionnels, il conçoit « [...] un très vaste instrument capable de décrire ces choses très petites qu'il était impossible de distinguer jusqu'alors [...] ». Il imagine donc quelque chose qui réduise les erreurs de mesure. Ces erreurs empêchent en effet toutes les observations que Cassini pressent non seulement à sa portée, mais aussi susceptibles de revêtir un caractère révolutionnaire. Ainsi est créée la ligne méridienne de la cathédrale San Petronio. Un projet hardi et méticuleux car il faut conjuguer des dimensions architecturales et structurales grandioses avec l'exigence de mesures millimétriques. Bref, c'est quelque chose qui ressemble à un grand télescope ou à un accélérateur moderne.

Il s'agit d'un instrument d'astronomie de précision (visible encore aujourd'hui) conçu pour l'observation du Soleil chaque jour de l'année, le long d'une ligne méridienne en fer mesurant 67,72 m (exactement la six cent millième partie du méridien terrestre). La pose de la règle requiert, une nouvelle fois, des calculs spéciaux, ainsi que des solutions relevant du génie – comme son maintien parfaitement horizontal au moyen de niveaux à eau.

Cassini présente avec fierté aux professeurs, aux autorités et à la population de Bologne sa méridienne, enfin prête pour le solstice d'été de 1655. Grâce à son joyau, il mesurera entre autres choses l'inclinaison de l'axe terrestre sur le plan de l'écliptique avec une précision jamais atteinte auparavant. Il inaugurait ainsi le style des grandes découvertes de sa carrière. Il n'effectuera pas des sauts philosophiques ou culturels dans l'inconnu comme Galilée, mais fera un usage continu d'instruments toujours plus recherchés, améliorés, en accumulant des résultats toujours plus importants car toujours plus précis, avec une puissance de travail par ailleurs impressionnante. Et Bologne reconnaît à Cassini son œuvre : non seulement son salaire universitaire augmente rapidement pour devenir le plus élevé de tous (quelque 3 800 lires par an, plus de trois fois celui de son célèbre collègue médecin Malpighi), mais il reçoit aussi une rémunération spéciale (un « cadeau ») de 500 lires, le quart du coût total de la méridienne de San Petronio. Un pourcentage difficile à concevoir de nos jours, et dont Cassini se trouvait fort satisfait.

Un élégant dessin sur soie de la méridienne de San Petronio, voilà le cadeau que Cassini offrit à la reine Christine de Suède à son arrivée à Bologne en 1655. La souveraine avait quitté sa Stockholm natale pour se rendre à Rome et y embrasser la foi catholique. Le pape avait alors donné l'ordre de lui réserver un accueil spécial à Bologne. Cassini, esprit éclectique, fut chargé d'organiser une réception royale, particulièrement réussie semble-t-il. En tout cas, la reine apprécia beaucoup l'hommage et l'attention du jeune astronome, avec qui elle se lia par la suite d'une sincère amitié.

Pendant ce temps, les missions les plus diverses ne manquaient pas pour le professeur Cassini (qui aurait peut-être désiré ne se consacrer qu'à l'astronomie). D'abord, par ordre du pape, il dut arbitrer des différends entre provinces, au sujet de la régulation des cours de fleuves déviés par les crues. Puis il devint conseiller scientifique d'Alexandre VII, ce qui nécessitait des voyages fréquents et malaisés à Rome ; il s'y soumettait toutefois avec bonne volonté et énergie, emportant des instruments d'astronomie et se livrant à des observations scientifiques originales sur la botanique et la nature. Enfin, on le nomma surintendant au Génie des eaux de Bologne – il s'occupait aussi de régions du Latium, puisque telle était la volonté du pape – et on l'appela pour des ouvrages d'ingénierie et des fortifications militaires. Tout cela tandis qu'il étudiait l'effet de certains parasites des plantes et la formation des galles sur le chêne...

Mais l'astronomie demeure le véritable amour de Cassini. Non seulement il récrit des éphémérides plus précises (avec son ami Malvasia), mais il reprend aussi le travail de Galilée (et de ses élèves Renieri et Viviani) sur les satellites de Jupiter. Il découvre les passages de leurs ombres sur le disque de la planète (où il distingue la Tache Rouge et d'autres détails magnifiques), ainsi que d'autres « petites planètes ». Tout cela grâce aux formidables lunettes que Giuseppe Campani avait commencé à produire en biseautant du verre de Venise, et que Cassini privilégiera tout au long de sa vie, même à Paris. La chose la plus remarquable peut-être, c'est la méthode qu'il met au point pour prédire exactement le mouvement et la visibilité des petites planètes de Jupiter, c'est-à-dire le fondement d'une mesure universelle du temps, donc la détermination tant attendue de la longitude terrestre – impossible avec les horloges de l'époque. Les instruments de Campani sont très peu pratiques (longueur de plusieurs mètres, champs visuels réduits) mais à l'œil attentif et persévérant de Cassini, ils permettent, de 1664 à 1666, une série impressionnante de « premières » en astronomie. Les observations de la surface de Jupiter, puis des taches sur la surface de Mars, autorisent la mesure de la période de rotation de ces deux planètes avec une précision déconcertante : une erreur de quelques minutes seulement sur une période observée de 9,56 heures pour Jupiter et de 24,40 heures pour Mars. Sur Mars, il observe en particulier la variation saisonnière des calottes polaires et entrevoit des « fils », les lointains ancêtres des canaux de Schiaparelli.

Pour Vénus aussi, il mesure en 1667 – de façon plus incertaine à cause de l'uniformité de la surface de cette planète – une période de rotation de quelque 23 heures.

Entre Bologne et Rome, à l'hiver 1664-1665, il observe le passage d'une magnifique comète, dont il laisse un dessin autographe soigné et élégant. Ce dessin est fait lors de ses observations avec la reine Christine – parfois de véritables tête-à-tête, comme lorsque sa Majesté insiste pour couvrir la tête de Cassini, de crainte qu'il prenne froid...

C'est certainement l'étude de l'astronomie qui fait de Cassini une célébrité dans toute l'Europe. Mais son énergie et son intelligence exceptionnelles ne sont jamais assouvies. Ces mêmes années, il joue en effet un rôle de premier plan dans un autre domaine, la médecine, où la polémique sur la possibilité de transfuser le sang fait rage. Thème difficile et scabreux, pour un savant si proche de l'Église. Toutefois, il n'hésite pas à prendre une position équitable et scientifique.

1666 marque le début d'une évolution radicale dans la vie de Cassini. Le 22 juin, Christiaan Huygens écrit de Paris au prince Léopold de Hollande pour louer les résultats des mesures de précision faites par Cassini sur les ombres des satellites de Jupiter. Le jeune astronome hollandais (déjà célèbre à 37 ans) avait été l'une des premières recrues de Colbert, pour la plus grande gloire de la France du Roi-Soleil – qui avait été intronisé en 1651 mais ne s'était débarrassé de Mazarin qu'en 1661. La lettre de Huygens marque probablement le point de départ concret de l'intérêt porté au grand astronome de Bologne par la cour française. Le 22 décembre de la même année avait été fondée l'Académie des sciences où, dès l'origine, on avait lu les travaux de Cassini. Le ministre des Finances de Louis XIV, Colbert, n'était pas homme à se contenter de personnages de second plan. Si Cassini était reconnu comme le meilleur astronome d'Europe continentale, alors Cassini devait venir à Paris. (Newton était encore jeune et, même s'il avait déjà écrit des œuvres immortelles, on ne le connaissait guère à Paris.) Il n'était certes pas le premier Italien à contribuer à la gloire du Roi-Soleil. Jean-Baptiste Lully, par exemple, avait amené à Paris l'école italienne de musique. Beaucoup d'autres artistes ou savants devaient participer eux aussi à la *grandeur* parisienne, et non des moindres, comme Le Bernin, avec son projet du Louvre.

Cassini engage une correspondance avec l'Académie. Il présente tout d'abord ses travaux – par ailleurs déjà très appréciés – pour en arriver, après moins de deux ans, à des propositions concrètes pour s'installer en France. Mais la question n'était pas si facile à résoudre. Alors qu'un scientifique européen d'aujourd'hui a généralement une grande liberté de mouvement, par exemple, vers les États-Unis (l'équivalent contemporain de la France du Roi-Soleil), pour Cassini la vie était différente. Le grand astronome se sentait – et somme toute était – propriété du pape. Il semble que les négociations aient été conduites par le comte Graziani, intermédiaire entre Colbert, Cassini, l'Université de Bologne et le Saint-Siège. Une difficulté non négligeable est posée par Cassini lui-même, concernant ses émoluments. À Bologne, il a en effet le salaire le plus élevé de toute l'université, doublé de ce qu'il touche pour ses charges civiles (eaux, fortifications, etc.) au service du pape. Pour se rendre à Paris, Cassini demande de gagner davantage, de disposer d'une voiture, d'une indemnisation d'expatriation, ainsi que de conserver son salaire à Bologne. À ce stade, tout dépend du pape.

Clément IX avait succédé à Alexandre VII en 1667. Il s'était vu immédiatement confronté à une crise internationale en tant que médiateur entre la France et l'Espagne et avait obtenu la « paix d'Aix-la-Chapelle ». Étant donné le problème brûlant du jansénisme au sein de la « très chrétienne » mais indépendante France du Roi-Soleil, Clément IX ne souhaitait certes pas s'opposer à un caprice, au fond innocent, de Louis XIV. S'il voulait vraiment Cassini, et si ce dernier était disposé à y aller, le Sénat académique de Bologne devait donner son accord (et maintenir son salaire, comme Cassini le demandait, non sans un certain agacement de la part du Sénat). Cassini avait vraiment envie d'aller à Paris : le roi, par exemple, lui avait envoyé les dessins préliminaires d'un grandiose observatoire d'astronomie qu'on allait y construire. Il lui avait par ailleurs fait savoir qu'il accepterait toutes ses conditions économiques. Enfin, il lui adressa par lettre un crédit de 1 000 écus « pour ses frais de voyage ».

À Paris se trouve l'Académie, un futur observatoire grandiose, un collègue de la stature de Huygens, l'assurance de gros bénéfices et la possibilité de devenir mondialement connu. En outre, le pape comme le Roi-Soleil sont satisfaits : peu importe si les collègues de Bologne grognent un peu ! Le 25 février 1669, après des adieux émus, il quitte Bologne pour toujours. Pour gagner Paris, Cassini choisit de passer par Vintimille : il revoit ainsi Perinaldo et, pour la dernière fois, ses parents. Il arrive à Paris le 4 avril, où on l'installe provisoirement à la galerie du Louvre, encore en construction. Deux jours plus tard, Louis XIV le reçoit : Cassini se met tout de suite à discuter – non sans une certaine veine polémique – des plans du nouvel Observatoire. Initialement, il rencontre en France de sérieuses difficultés de langue. En vrai savant et fort de sa rigoureuse éducation classique, il s'adresse à tout le monde en latin : il s'étonne alors d'être peu, voire pas du tout compris, non seulement des politiques, mais aussi de ses collègues. Il est, par exemple, fort contrarié lorsque l'Académie l'oblige à faire traduire en français une belle communication sur les résultats qu'il venait d'obtenir à Paris sur les taches solaires, naturellement rédigée en latin. Dès lors, il n'aura plus confiance dans les traducteurs et écrira toujours lui-même en français, s'améliorant petit à petit. Après avoir quitté son logement du Louvre, Cassini s'installe dans une belle maison avec jardin et se met au travail avec enthousiasme. Clément IX l'informe qu'il se réjouit de la manière dont les choses se passent ; autre motif de satisfaction, il est parvenu à conclure ladite « paix clémentine », calmant les controverses jansénistes. Mais il meurt peu de temps après, le 9 décembre 1669. Les relations entre Rome et Paris – où le Roi-Soleil brille toujours plus – commencent alors à empirer, sous Clément X d'abord, puis sous Innocent XI, à partir de 1676. À ce moment-là, Cassini se trouve déjà à l'abri. Mieux, dans l'année 1671, il dédie à Louis XIV la découverte de deux nouveaux satellites de Saturne, la mystérieuse planète que Huygens avait étudiée avec succès, avec la description de ses anneaux et la découverte de Titan.

Pour leurs observations astronomiques, Cassini et Huygens étaient également redevables au travail de Giuseppe Campani, le grand constructeur de lentilles et de télescopes qui employait du verre vénitien de qualité supérieure. Huygens et son frère Constantin étaient eux aussi constructeurs de lentilles (l'« oculaire de Huygens » a été couramment utilisé en astronomie jusqu'à une époque récente), mais Campani était exceptionnel pour la qualité, le génie et l'audace de son produit. Pour le nouvel Observatoire de Paris, Campani arriva à construire des lunettes avec des longueurs focales atteignant 40 m, chose qui demandait aux astronomes, et à Cassini, une habileté et une persévérance exceptionnelles dans les observations.

Il était, par exemple, impossible de construire un tuyau rigide (c'est-à-dire un télescope comme celui de Galilée) de pareilles dimensions. La lentille avec son support était donc montée sur un mât *ad hoc*, suffisamment haut, tandis que l'astronome était au sol et trouvait l'image recherchée à travers l'oculaire qu'il tenait en main.

La manière dont Cassini et ses collègues parvinrent à mener des recherches de pointe en astronomie dans ces conditions est stupéfiante. Mais cela ne durera pas : en Angleterre, Newton préparait déjà son télescope compact révolutionnaire.

Par ailleurs, Cassini continua de s'intéresser à Jupiter et à l'observation de ses satellites : à ce stade, l'objectif très concret était d'exploiter la grande découverte de Galilée pour mesurer la longitude sur la surface terrestre. Sur la terre ferme, cette méthode se révélait praticable et fructueuse. Sur la mer, en revanche, les difficultés étaient insurmontables. Avec des télescopes à focales de plusieurs mètres, observer les petites planètes de Jupiter depuis le pont oscillant d'un voilier au milieu de l'océan devint le cauchemar de la plupart des officiers de marine qui avaient été désignés comme cobayes. On les plaçait, par exemple, dans des sièges suspendus au mât à l'aide de cordes pour donner plus de stabilité à leur regard. Beaucoup de chemin restait à parcourir pour mesurer la longitude en mer, et un avantage se dessinait déjà en faveur des constructeurs d'horloges à pendule compactes et précises, par rapport aux difficiles et obscures observations astronomiques.

Mais en 1675, un collègue danois de Cassini passe à Paris, Ole Roemer. Ensemble ils discutent de l'origine de certains retards anormaux observés sur les éclipses des petites planètes de Jupiter. L'explication avancée par Roemer est troublante : ces retards sont dus à la vitesse finie de la propagation de la lumière. Et même, le Danois parviendra bientôt à donner une valeur, étonnamment précise, de la vitesse de la lumière mesurée justement grâce aux temps des éclipses des satellites galiléens étudiées par Cassini.

Cassini travaille de manière incroyablement intense à une myriade de problèmes différents, en plus de ceux qui se rattachent à la gestion et à la construction de l'Observatoire. Des problèmes d'astronomie principalement : le calcul de la distance entre Mars et la Terre, puis entre la Terre et le Soleil et, petit à petit, de toutes les orbites du système solaire. Avec les lentilles « longues » de Campani, il découvre la structure des anneaux de Saturne et la division qui porte toujours son nom ; puis, en 1684, deux autres nouveaux satellites de Saturne, Thétys et Dioné, immortalisés par une médaille que le Roi-Soleil fit frapper en guise de remerciement à son astronome préféré.

À l'Académie, Cassini communique également de nombreux résultats et observations hors du champ de l'astronomie : sur les formes des cristaux de neige, les éruptions du Vésuve, d'étranges espèces de poissons et autres choses encore. Son activité volcanique et, surtout, l'audace et la précision de ses prévisions en astronomie impressionnent la cour parisienne. On disait de lui, peut-être avec une certaine envie, que « M. Cassini s'était entendu avec les astres. Ce qu'il avait conjecturé devint indubitable et ses suppositions se changèrent en principes ; le ciel décida absolument pour les réfractions et les parallaxes de M. Cassini. » Bref, plus qu'un savant ou un astronome, c'était un véritable *maître à penser*.

En 1673, avec son mariage à 48 ans avec Geneviève de Laistre (23 ans) à Clermont-Ferrand, le pape, Bologne et l'Italie perdaient définitivement la possibilité de récupérer Cassini. Louis XIV accorda comme cadeau de mariage l'« acte de naturalisation » à Cassini, qui devint ainsi français de plein droit.

Pour revenir à l'astronomie, après les satellites et les anneaux de Saturne, Cassini continue tous azimuts : les « volcans » sur le Soleil (ce que nous appelons de nos jours « protubérances »), une tache longitudinale sur Vénus et, très important, l'identification de la lumière zodiacale en tant que phénomène cosmique et non météorologique. Pendant neuf longues années, il avait travaillé à sa magnifique carte de la Lune. D'un diamètre supérieur à 65 cm, elle était gravée sur métal d'après des dessins de la main de Cassini. Elle fut présentée à l'Académie en 1679 et resta un point de référence pour l'astronomie mondiale pendant deux cents ans, jusqu'aux premières photos de la Lune. La veine artistique et iconographique de l'infatigable et éclectique Cassini se manifesta également par la création d'un grand planisphère, une carte terrestre dessinée sur le sol de l'Observatoire et présentée au Roi-Soleil à l'occasion d'une de ses visites.

Naturellement, Cassini ne se laissait pas prendre au dépourvu lors de visites importantes, comme celle de

Jacques XI : il dédia au roi d'Angleterre un long poème latin – l'histoire ne dit pas s'il a été apprécié ! Il écrivait avec aisance et grâce, mais dans un style et un langage si baroques – comme dans un autre poème en latin saluant la naissance du fils aîné du dauphin de France – qu'ils en étaient ampoulés.

De Cassini, la France a conservé par chance une riche correspondance. Elle révèle un vrai savant européen, qui entretenait d'intenses contacts autant avec ses vieux amis et collègues de Bologne (Montanari, Malpighi) qu'avec des collègues illustres de la Royal Society, par exemple – la jumelle anglaise de l'Académie du Roi-Soleil.

En 1693, Cassini publia de nouveaux résultats importants : les tableaux complets des satellites de Jupiter et, sur les presses de l'Imprimerie royale, un recueil d'observations astronomiques et géographiques de membres de l'Académie et de lui-même. Il atteignait l'apogée d'une très longue carrière et commençait peut-être à ressentir un peu de nostalgie de l'Italie. En 1694, il y entreprit un long voyage en compagnie de son fils Jacques. Il y resta jusqu'en 1696, effectuant un long parcours avec des étapes obligées : Perinaldo, Bologne, Rome ; Gênes enfin, au retour.

La dernière partie de la vie du grand astronome, devenu vieux à la fin du siècle et avec une vue qui baissa terriblement jusqu'à la cécité complète les dernières années, fut consacrée à la géodésie et à la cartographie. En 1696, une édition sur papier du planisphère de l'Observatoire, puis le projet grandiose d'une carte « corrigée » de toute la France, rendue particulièrement exacte – tel était du moins son objectif – par le prolongement du méridien de Paris jusqu'aux « deux mers » : au nord Dunkerque, au sud Perpignan. Après une interruption due à la mort de Colbert – à près de 80 ans –, Cassini reprend ses travaux et les éprouvants voyages dont il est coutumier. L'hiver 1709 est si froid que la Seine gèle : Cassini tombe alors gravement malade. Bien qu'aveugle, il continue de se rendre aux séances de l'Académie, montant à pied ses 66 marches. Mais le 14 septembre 1712, la mort le surprend après une brève maladie de deux jours. Un grand astronome italien, français, européen avait porté l'astronomie de Galilée jusqu'au seuil du XVIIIe siècle. Et à Paris, pendant encore un siècle, les directeurs de l'Observatoire allaient être des *Cassini*.

CHAPITRE 5

LES MISSIONS *GALILEO* SUR LES LUNES DE JUPITER ET *CASSINI* VERS SATURNE

La mission Galileo

Une rencontre insolite a eu lieu aux abords de Jupiter, au moment même du changement de millénaire : celle des satellites envoyés pour étudier les deux plus grandes planètes du système solaire, Jupiter et Saturne, et dédiées à deux des plus grands astronomes européens du XVIIᵉ siècle, Galilée et Cassini. La sonde qui emprunte le nom de ce dernier poursuit sa croisière, tandis que le satellite *Galileo* a achevé sa mission avec la découverte du système jovien.

Au terme du dernier millénaire, les chercheurs de la NASA n'ont pas laissé échapper l'occasion d'étudier simultanément la même planète avec les instruments de deux satellites différents. Ils ont ainsi mis au point un plan d'observation commune, qui a débuté à la fin du mois d'octobre 2000 pour se clore début février 2001. *Galileo* a été programmé pour visiter, afin d'y récolter des données, la magnétosphère de Jupiter, la région dominée par le champ magnétique de la planète. *Cassini* en revanche, qui passait à l'extérieur, enregistrait les flux d'électrons et de protons transportés par le vent solaire. En comparant les mesures obtenues par les deux satellites à la même période, les astronomes peuvent étudier la manière dont les variations du vent solaire influencent la structure de la magnétosphère de Jupiter.

Après un voyage aussi particulier, *Galileo* est ressorti du champ magnétique de la planète géante. Sa mission s'était ouverte le 7 décembre 1995, lorsqu'il avait commencé à graviter autour de Jupiter et de ses satellites après un voyage de près de six ans. À l'origine, elle consistait en deux ans d'observations. Dix instruments scientifiques se trouvaient à bord du satellite et six autres étaient embarqués sur une sonde qui devait être larguée pour descendre dans l'atmosphère de la planète.

Mais à la fin de l'année 1997, il restait suffisamment de carburant pour effectuer des manœuvres, et les instruments étaient tous en parfait état de fonctionnement. La NASA convainquit alors le Congrès des États-Unis de financer à bas prix une extension de la mission pendant deux autres années. L'objectif de cette prolongation appelée « Galileo Europa Mission » était très ciblé, et on le résuma dans la formule « glace, eau et feu » : on programma en effet d'étudier de façon plus approfondie Europe (le satellite de glace), les terribles orages qui éclatent dans l'atmosphère de Jupiter (peut-être causés par de la vapeur d'eau), et l'activité volcanique de Io, la brûlante lune de la planète géante. Aux onze orbites prévues initialement vinrent donc s'en ajouter quatorze, au cours desquelles *Galileo* rassembla une grande quantité de données que les scientifiques accueillirent comme une bénédiction. Il ne faut pas non plus oublier que, pour contenir les coûts, pendant ces deux ans la mission se poursuivit avec 20 % seulement des effectifs précédents : on réduisit les manœuvres et les contrôles au minimum et on automatisa au maximum toutes les opérations.

Par ailleurs, il était prévu que le satellite demeure en orbite autour de Io, sans plus recueillir de données scientifiques, mais en se contentant de transmettre des informations sur l'état des appareillages – dans l'attente que les dégâts causés par les radiations les réduisent au silence. Mais il n'en est pas allé ainsi. Au début de l'année 2000, la NASA, encouragée une nouvelle fois par la réserve disponible de carburant et l'efficacité des instruments, est parvenue à trouver des fonds supplémentaires pour garder en vie le satellite et lui donner une nouvelle mission. Celle-ci, dénommée « Galileo Millennium Mission », a porté sur de nouvelles approches de Io et Ganymède, et a permis les observations communes de la fin du millénaire avec *Cassini*.

Au terme de sa mission, *Galileo* – outre le fait d'être un formidable observatoire scientifique – est aussi devenu un important banc d'essai pour étudier la résistance de l'électronique de bord aux dégâts provoqués par l'exposition à long terme aux radiations présentes dans l'espace interplanétaire. Tous les systèmes ont résisté plus du double du temps prévu, et les ingénieurs de la NASA en ont retiré de précieuses indications pour la conception de l'électronique des prochains satellites.

Les découvertes de la mission Galileo

Bon nombre d'années ont passé depuis qu'en 1972-1973, les *Pioneer 10* et *11* se sont lancés au-delà de l'orbite de Mars – c'était la première fois – et qu'ils ont fourni des images rapprochées et inédites de Jupiter, qu'il avait fallu reconstituer à l'ordinateur parce que ces satellites tournaient sur eux-mêmes sans répit pour améliorer la stabilité et faciliter les systèmes de guidage. Puis, en 1977, les *Voyager 1* et *2* passèrent par là : ces sondes stabilisées à trois axes pouvaient conserver leur pointage et fournir des prises de vue et des données plus précises. En 1990, le dernier visiteur avant *Galileo* fut *Ulysse*, venu chercher l'assistance gravitationnelle de Jupiter pour sortir du plan de l'écliptique et observer les régions polaires du Soleil.

Les connaissances que l'on possédait, il y a quelques années encore, sur la plus grande planète du système solaire, étaient relatives à son atmosphère constituée à 81 % d'hydrogène et à 18 % d'hélium – une composition très semblable à celle d'une étoile. Cela signifie que si Jupiter avait eu une masse de quelques dizaines de fois supérieure seulement, les réactions nucléaires qui font briller une étoile s'y seraient déclenchées et que nous aurions eu alors un système stellaire binaire Soleil-Jupiter.

Toutefois, l'atmosphère jovienne comporte aussi des traces de méthane, de phosphore, de vapeur d'eau et de différents hydrocarbures. On avait également pu établir que la fameuse « Tache Rouge » était une gigantesque tempête sévissant depuis plus de trois siècles, mais on ne parvenait pas à éclaircir le mystère de sa couleur par des prises de vue. Une autre question sans réponse concernait les forts vents qui balayent la planète à une vitesse de l'ordre de 150 m/s : on ne peut les expliquer par des écarts de température parce qu'on enregistre – 130 °C aussi bien aux pôles que dans la zone équatoriale de Jupiter. Quant à sa structure interne, on pouvait seulement estimer que son noyau avait une température de quelque 3 000 degrés, et supposer l'existence d'une région d'hydrogène métallique liquide pour expliquer la présence du champ magnétique intense caractéristique de cette planète. En allant vers l'extérieur, l'hydrogène et l'hélium passent de l'état liquide à l'état gazeux jusqu'à ce que, « en surface », la température devienne si basse que des nuages se forment. Le satellite *Voyager* avait aussi observé un mince anneau autour de la planète. Enfin, on savait que son champ magnétique était inversé par rapport à celui de la Terre et qu'elle avait une magnétosphère si étendue que, si on pouvait la voir depuis la Terre, elle aurait les dimensions de la pleine Lune.

En ce qui concerne les satellites, trois des seize que nous connaissons aujourd'hui furent découverts par *Voyager* ; les autres avaient déjà été observés depuis la Terre, mais on ne possédait d'indices que sur la composition et la structure des satellites galiléens : Io le volcanique, le glacial Europe, le plus grand satellite du système solaire Ganymède, et Callisto avec sa surface criblée de cratères.

Les objectifs primordiaux de la mission *Galileo* étaient donc les suivants : dévoiler les mystères de l'atmosphère et du champ magnétique de Jupiter ; observer de près les quatre satellites galiléens pour en étudier la composition et expliquer les phénomènes qui s'y manifestent. En atteignant ces objectifs, on trouverait aussi de nouvelles indications importantes sur la composition de la matière cosmique dont les planètes tirent leur origine, ainsi que sur les modalités de formation et d'évolution des satellites – dont ceux qui ont été aperçus pour la première fois dans cette nuit historique du 7 janvier 1610.

Pour mener à bien ces observations, les ingénieurs de la NASA ont conçu une mission d'une architecture totalement neuve, qui conjugue les avantages des sondes en rotation sur elles-mêmes – les *Pioneer*, par exemple – et des sondes stabilisées – les *Voyager*. La partie du satellite qui contient les antennes, les bras externes et quelques expériences scientifiques accomplit sur elle-même trois tours par minute, tandis que l'autre, avec le reste des appareillages, est fixe. La première est étudiée pour récolter des données concernant les particules et le champ magnétique ; la seconde, qui permet un pointage précis et stable, abrite les instruments servant à obtenir prises de vue et spectres. Sur la partie inférieure du satellite est fixée la sonde qui doit être larguée dans l'atmosphère de Jupiter, avec ses six instruments scientifiques.

L'orbiteur comporte en revanche dix instruments, dont un magnétomètre monté au bout d'un bras mesurant 11 m – pour réduire le plus possible les effets de l'interférence avec le satellite –, ainsi qu'un révélateur consacré à l'étude des poussières dans l'espace interstellaire et l'environnement de Jupiter. Le satellite mesure en tout 5,3 m et pesait à son lancement plus de 2 000 kg ; il produit de l'énergie par la désintégration radioactive du plutonium et il communique avec la Terre par le biais du réseau d'antennes « Deep Space Network », réparti entre la Californie, l'Espagne et l'Australie.

Pesant 399 kg, la sonde à larguer dans l'atmosphère de Jupiter est constituée d'un module de décélération qui protège les expériences scientifiques de la chaleur engendrée par l'impact avec l'atmosphère, et d'un module de descente équipé d'un parachute. Elle doit être larguée par le satellite avec une certaine avance et continuer seule sa descente vers Jupiter, sans plus recevoir de commandes. Une fois à l'intérieur de l'atmosphère et après avoir décéléré, elle peut commencer à transmettre à l'orbiteur les donnés scientifiques récoltées. C'est ce qu'elle a fait pendant à peu près une heure, avant de fondre et de s'évaporer sous l'effet des températures élevées.

Les données envoyées par la sonde – notamment celles qu'a fournies l'instrument pour mesurer la vitesse des vents à travers l'effet Doppler, ainsi que les données sur la structure des nuages – ont permis de découvrir l'origine des énormes tempêtes qui fouettent Jupiter : elles sont dues à la circulation de l'eau dans les couches supérieures de l'atmosphère qui produit de grandes zones d'air sec opposées à des régions très humides.

Les appareillages de l'orbiteur ont eux aussi produit d'excellents résultats scientifiques. On a, par exemple, découvert que le mince anneau qui entoure Jupiter est formé de grains de poussières provenant des quatre satellites les plus extérieurs, à la suite de l'impact de météorites, et l'on a pu confirmer la présence attendue de nuages d'ammoniaque gelée.

Mais les données les plus intéressantes – et les plus belles photos – proviennent des quatre plus grands satellites de Jupiter. Io est aujourd'hui considéré comme l'objet céleste le plus actif de l'ensemble du système solaire : un grand nombre de volcans – dont certains sont beaucoup plus chauds que les volcans terrestres – recouvre la surface de la planète, en crachant de la lave composée de silicates riches en magnésium. Sur Europe, en revanche,

Galileo a observé d'immenses blocs de glace, aux dimensions d'une ville entière ; les données obtenues démontrent qu'il y a plus d'eau que sur Terre et elles font soupçonner l'existence dans le passé (peut-être même aujourd'hui) d'un véritable océan au-dessous de la surface gelée.

Celle-ci apparaît dépourvue de cratères – ce qui dénote l'origine récente d'Europe – et entourée d'une mince atmosphère d'oxygène et d'une ionosphère. Callisto pourrait lui aussi dissimuler un océan, mais bien au-dessous de sa surface criblée de cratères : sa présence est suggérée par un champ magnétique qui pourrait émaner de l'interaction entre l'étendue d'eau salée et le champ magnétique intense de Jupiter. Ganymède enfin, le plus grand satellite du système solaire, présente deux calottes polaires semblables – en plus vastes – à celles de la Terre ; il possède en outre son propre champ magnétique.

Galileo *: l'histoire d'une mission*

L'aventure de *Galileo* à la découverte du système jovien n'a pas été chose facile : bon nombre de problèmes – tous brillamment résolus – ont tourmenté la mission dès ses premières phases. Le début du voyage était prévu pour le mois de mai 1986. On prévoyait de mettre le satellite sur une orbite basse avec la navette spatiale, et le propulser ensuite vers Jupiter grâce au puissant lanceur Centaur. Mais en janvier eut lieu la tragique explosion de la navette *Challenger* et tous les vols des navettes spatiales furent suspendus en attendant l'identification et la résolution du problème. Pire encore : la NASA décida d'interdire à l'avenir le transport du lanceur Centaur dans la navette. Ainsi, il fallut revoir l'ensemble du projet de lancement de *Galileo*.

Après avoir analysé et exclu un certain nombre d'hypothèses – trop coûteuses ou incompatibles avec les objectifs de la mission –, les experts de la NASA décidèrent de lancer le satellite vers Vénus : il devait profiter de son assistance gravitationnelle, ainsi que de celle de la Terre, pour acquérir l'énergie servant à rejoindre Jupiter.

Il s'agit d'exploiter l'effet de « fronde gravitationnelle » selon l'intuition géniale de Giuseppe Colombo et déjà utilisé pour la navette *Voyager*. Lorsqu'une sonde pénètre dans le champ gravitationnel d'une planète au bon endroit et au bon moment, elle réoriente sa vitesse vis-à-vis du Soleil et acquiert une accélération aux dépens de la planète même. Vu l'énorme différence de masse, l'effet sur la planète est absolument négligeable, tandis que les conséquences sur la sonde sont très importantes : lorsque *Voyager* passa aux abords de Jupiter, sa composante de vitesse augmenta de 16 km/s, et Jupiter décéléra de moins d'un demi-mètre par mille milliards d'années !

Toutefois, cette trajectoire impliquait un passage rapproché avec le Soleil imprévu. Cela nécessitait donc de revoir les protections thermiques du satellite, de perfectionner les systèmes de navigation et de contrôle, ainsi que d'ajouter une antenne – qui se révélera providentielle. En contrepartie, *Galileo* allait faire lors de son voyage des rencontres intéressantes et inopinées avec deux astéroïdes, en plus de Vénus et la Terre ; il pourrait aussi observer à une distance de 24 millions de kilomètres « seulement » l'impact de la comète Shoemaker-Levy 9 sur Jupiter.

Avec un retard de plus de trois ans sur la date prévue, *Galileo* est lancé le 18 octobre 1989 à bord de la navette spatiale *Atlantis* et propulsé sur sa nouvelle trajectoire.

Après avoir enthousiasmé les scientifiques avec de splendides images de Vénus et de la Terre, la mission réserva pourtant une amère surprise. En avril 1991, la commande envoyée de la Terre pour ouvrir l'antenne (près de 4 m de large) affectée à la transmission des données est ignorée par le satellite. Fermée comme un parapluie depuis le lancement, l'antenne refuse de s'ouvrir malgré les multiples tentatives effectuées depuis la Terre. Les ingénieurs ont beau essayer de la réchauffer en l'exposant au Soleil, de la refroidir en la laissant longuement dans la zone d'ombre, de la forcer en faisant intervenir les moteurs dont elle est équipée, rien n'y fait. Il faut se résoudre à l'idée que toutes les communications devront avoir lieu au moyen de la plus petite antenne, beaucoup moins puissante. On élabore alors une stratégie pour remédier, partiellement du moins, à ce problème, en augmentant la sensibilité des systèmes de réception sur la Terre et en introduisant de puissantes méthodes de compression des données à bord du satellite. L'alerte retombe lorsque les responsables de la mission assurent qu'au moins 70 % des objectifs scientifiques seront atteints avec la nouvelle configuration, qui est mise à l'épreuve lors des rencontres suivantes avec les astéroïdes Gaspra et Ida.

Une fois aux abords de Jupiter, le moment crucial du détachement de la sonde, qui devra plonger dans l'atmosphère de la planète, approche. Le 13 juillet, elle est larguée sans problème et le 27, le satellite accomplit correctement toutes les manœuvres nécessaires pour se trouver le 7 décembre – jour auquel la sonde commencera à transmettre les données – dans la position d'observation prévue. Néanmoins, les techniciens de la NASA chargés de suivre cette mission ne sont pas au bout de leurs peines. Dans l'attente de recevoir les signaux de la sonde, *Galileo* commence à prendre des vues de Jupiter. Or, quand on tente de rembobiner la bande sur laquelle ont été enregistrées les données pour les envoyer sur Terre, le dispositif se bloque. Il faut plusieurs jours et de nombreuses tentatives pour comprendre que l'enregistreur fonctionne toujours mais qu'une partie de la bande s'est détériorée et qu'à l'avenir il faudra éviter de l'utiliser.

C'est là l'ultime problème présenté par la mission. À partir du 7 décembre 1995, tout marche comme sur des roulettes. *Galileo* a accompli une trentaine d'orbites autour de Jupiter jusqu'au 28 février 2003, quand la NASA a décidé de cesser ses opérations. Une dernière télécommande a amené la sonde à plonger dans l'atmosphère de Jupiter le 21 septembre 2003.

La mission Cassini. *1997-2004*

Cap Canaveral (Floride), 6 octobre 1997, 5 h 38, heure locale. Entre chercheurs, ingénieurs et techniciens, plus de quatre mille personnes ont travaillé pendant une dizaine d'années en vue de cet instant : le lancement vers Saturne de la sonde *Cassini*, le plus grand vaisseau interplanétaire jamais réalisé. Tous retiennent leur souffle car ils savent que le lancement est l'un des moments les plus délicats d'une mission : après avoir mis les moteurs en marche, il faut attendre près d'une demi-heure pour que toutes les opérations fondamentales soient accomplies et que le lanceur dépose son précieux chargement sur l'orbite déterminée.

C'est le premier jour d'une fenêtre de lancement ouverte jusqu'au 4 novembre. Mais les conditions météorologiques et le parfait fonctionnement des systèmes de contrôle de la tour 40 de Cap Canaveral rendent inutile toute attente supplémentaire.

Les deux moteurs à combustible solide dont la version de base du lanceur Titan IV a été équipée pour l'occasion sont les premiers à être mis à feu. Durant les dix premières secondes, la poussée est verticale et permet le détachement de la plate-forme de l'ensemble, d'un poids global de 940 t, cent cinquante fois plus grand que celui de la sonde et constitué pour la plus grande part de combustible. Puis le lanceur commence à s'incliner et à pivoter pour se mettre dans la bonne position.

Les moteurs auxiliaires s'éteignent deux minutes après le levage, immédiatement après la mise en route du premier étage de Titan IV, puis ils sont largués à une altitude de 58 520 m. Il s'écoule alors une interminable minute et demie et, à 109 730 m d'altitude, le bouclier de la sonde est correctement expulsé ; il servait à la protéger des températures élevées produites par la friction avec l'atmosphère. Cinq autres minutes et demie de vol et le premier étage de Titan IV se sépare, faisant place au deuxième, qui est à son tour remplacé par le Centaur, un autre puissant étage auxiliaire muni de deux moteurs qui brûlent du liquide cryogène.

Le Centaur achève la tâche d'amener la sonde sur une orbite géostationnaire de parking. Elle y transite quinze minutes avant d'atteindre le point établi pour accomplir la dernière étape : quitter le champ gravitationnel terrestre et se diriger vers Saturne. Les moteurs du Centaur doivent rester allumés encore huit minutes, avant de se séparer et d'abandonner définitivement le vaisseau, dans sa croisière de quelque sept ans dans l'espace interplanétaire.

Peu avant la séparation, on met en route et on contrôle tous les sous-systèmes qui permettront au satellite d'opérer de façon autonome ; l'antenne de communication est orientée vers le Soleil, de façon à préserver les appareillages de recherche et de navigation du réchauffement excessif. La première opération autonome de la sonde est une légère correction de cap pour éviter toute collision avec ce qui reste du Centaur.

Toutes les étapes de cette opération complexe de lancement – parfaitement réussie – ont été suivies de Cap Canaveral d'abord, grâce à une antenne de 34 m de diamètre du Deep Space Network situé près de Canberra, en Australie.

Lors de l'opération de lancement, plus de 800 t de combustible ont été consommées au total, et ce grâce au plus grand et au plus puissant lanceur à disposition. Et pourtant, tout cela n'est pas suffisant pour gagner Saturne. Si l'on avait voulu lancer *Cassini* directement vers cette planète, il aurait fallu fournir une puissance autrement plus grande.

En réalité la sonde, en quittant son orbite géostationnaire, n'a pas pris la direction des planètes extérieures du système solaire mais celle de Vénus. Si elle s'est engagée sur une trajectoire beaucoup plus longue (plus de 3 milliards de kilomètres), c'est qu'elle permet d'accomplir 99 % du voyage sans dépense d'énergie.

La trajectoire esquissée pour *Cassini* prévoit deux survols de Vénus, un de la Terre et un de Jupiter. Les deux premiers ont eu lieu le 26 avril 1998 et le 24 juin 1999, le passage à proximité de la Terre cinquante-cinq jours plus tard. Au total, ces trois frondes gravitationnelles ont imprimé une poussée équivalant à plus de 600 t de carburant.

Le survol rapproché de la Terre a représenté un moment particulièrement délicat de la mission. Malgré les assurances des responsables du projet, selon qui la probabilité que *Cassini* s'écrase sur la Terre était infime (une sur un million), d'aucuns avaient manifesté de l'inquiétude à cause du combustible nucléaire embarqué dans la sonde. Néanmoins, on ne pouvait se passer de l'assistance gravitationnelle de la Terre. Il était indispensable d'utiliser des générateurs d'énergie au plutonium, car il est impossible de monter des panneaux solaires ou d'emporter à bord des batteries ayant suffisamment de puissance pour toute la mission, laquelle demande sept années de vol et quatre de travail scientifique autour de Saturne, planète très éloignée du Soleil. Le 18 août 1999, *Cassini* est passée, sans aucun problème, à 1 171 km d'altitude au-dessus de l'océan Pacifique, voyant sa vitesse augmenter de 5 km/s. Elle a alors poursuivi sa route vers Jupiter, qui lui a donné sa dernière impulsion vers Saturne en décembre 2000, à la vitesse de 19 km/s (comme si l'on allait de Boston à Los Angeles en cinq minutes). À son passage à proximité de la Terre, *Cassini* a été visible quelques instants – et photographiée – comme une « étoile filante » d'un genre nouveau.

En période de croisière, les activités scientifiques sont réduites au minimum pour économiser l'énergie : on effectue seulement des manœuvres de correction de la trajectoire, de contrôle et de calibrage des systèmes de communication.

Cependant d'importants résultats de physique fondamentale furent obtenus lors de l'alignement entre la Terre, le Soleil et la sonde. À cette occasion il fut possible de mesurer, avec une précision 50 fois meilleure qu'auparavant, la courbure de la trajectoire des photons radio, reçus et émis par l'antenne, due au champ gravitationnel du Soleil.

Jusqu'à la fin du mois de janvier 2000, l'antenne à haut gain n'a pas fonctionné à plein régime : devant remplir son rôle d'« ombrelle », elle ne pouvait être dirigée vers la Terre. La même chose est arrivée quand *Cassini* est entrée dans les anneaux des Saturne en juillet 2004. L'antenne fut utilisée pour protéger les instruments et a été redirigée vers la Terre seulement à la fin de la manœuvre pour la transmission des données accumulées pendant le transit. À présent, elle fonctionne régulièrement et permettra de suivre toutes les prochaines phases de la mission.

Quiconque est curieux de savoir où se trouve *Cassini* peut s'informer sur le site de la NASA, où un logiciel a permis de suivre son voyage pas à pas de son point de départ jusqu'à sa destination, Saturne. Maintenant, on peut voir *Cassini* qui dessine son orbite « à pétales » autour de Saturne, ses anneaux et ses satellites. L'Agence spatiale américaine a su tirer le meilleur profit des possibilités de vulgarisation que cette mission offrait, parvenant à intéresser autant les enfants et les jeunes des écoles que le grand public. On peut en effet trouver sur la Toile, ou commander, des maquettes du satellite à assembler, des brochures décrivant la sonde et ses enjeux scientifiques à tous les niveaux, des images et des films très suggestifs. Par ailleurs, peu avant le lancement, n'importe qui pouvait encore envoyer sa signature pour qu'elle soit digitalisée et mémorisée sur un cédérom embarqué sur *Cassini* ; on en a récolté plus de 600 000 (y compris celle de ma propre fille, 7 ans à l'époque !), provenant de 81 pays du monde ; elles sont à présent en orbite autour de Saturne.

1982-1997

La naissance officielle de *Cassini* remonte à 1989, lorsque le Congrès des États-Unis approuva le financement de la mission et que les agences spatiales américaine et européenne demandèrent à la communauté scientifique de présenter leurs propositions pour une étude *in situ* de Saturne. Mais cette année-là ne marqua pas seulement le début de la conception proprement dite de la sonde. Elle indiqua également la clôture d'un long processus de coordination et de planification, engagé en 1982, quand un groupe de travail commun de savants américains et européens s'assit autour d'une table pour étudier les possibilités de collaboration dans le domaine de l'exploration planétaire. Puisque la mission *Galileo* pour l'étude de Jupiter était déjà en cours de réalisation, l'objectif suivant ne pouvait être que Saturne, avec ses fascinants anneaux et sa couronne de dix-huit satellites.

Il ne fallut pas moins de sept ans d'entretiens et de discussions pour définir les objectifs scientifiques, les caractéristiques générales de la mission et les responsabilités des participants. Il en résulta la mission la plus complexe jamais élaborée, constituée du satellite principal (l'orbiteur *Cassini*) et d'une sonde, baptisée *Huygens*, pour étudier l'atmosphère du plus grand satellite de Saturne,

Titan. La NASA assuma la gestion et le financement de l'orbiteur, tandis que la responsabilité de la sonde *Huygens* fut confiée, en 1988, à l'ESA.

L'Agence spatiale italienne entra immédiatement dans le programme ; elle fournit l'antenne principale du satellite et contribua à la conception et au financement des appareillages scientifiques pour l'étude de Saturne.

La complexité de la mission est la conséquence de la décision des scientifiques d'étudier le « système Saturne » dans sa globalité, en cherchant à découvrir non seulement les caractéristiques physiques et chimiques de la planète, de ses anneaux et de ses dix-huit satellites, mais aussi les interactions entre tous ces éléments et l'histoire de leur formation. L'importance de ces interactions fut suggérée par les prises de vue envoyées par les sondes interplanétaires qui passèrent non loin de Saturne en 1979, 1980 et 1981 déjà (respectivement, le *Pioneer 11* et les *Voyager 1* et *2*). Elles révélaient en effet la structure complexe de son atmosphère, la composition organisée de ses anneaux mais aussi de nouveaux satellites.

Les plus puissants télescopes sur Terre comme dans l'espace ont été dirigés sur Saturne et quelques-uns de ses secrets ont été dévoilés. Nous connaissons sa distance au Soleil – si grande que la quantité d'énergie que la planète reçoit est 90 fois inférieure à celle qui arrive sur Terre – ainsi que ses dimensions – telles qu'une dizaine de Terre pourraient être alignées sur son diamètre. Nous savons également qu'il s'agit d'une planète gazeuse, principalement constituée d'hydrogène et d'hélium, en rotation rapide sur elle-même (d'où sa forme légèrement aplatie aux pôles) et qu'elle a une très faible densité, inférieure à celle de l'eau (pour un volume équivalant à

750 fois celui de la Terre, sa masse est seulement 95 fois plus grande). Les données sur le champ gravitationnel et magnétique de Saturne laissent penser qu'elle pourrait avoir en son centre un noyau rocheux fondu ; celui-ci pourrait être entouré d'une couche d'hydrogène métallique liquide et d'une autre d'hydrogène moléculaire liquide. Toutefois, de nombreux aspects demeurent mystérieux. Nous ignorons, par exemple, d'où provient l'énergie émise par Saturne, supérieure à celle qu'elle absorbe en provenance du Soleil : y a-t-il une source de chaleur au sein de la planète ? Et qu'est-ce qui régit la circulation atmosphérique, où l'on a observé de violentes tempêtes et un vent équatorial inouï de quelque 1 800 km/h, constant pendant des dizaines d'années ?

Sur les anneaux aussi, on a découvert beaucoup de choses. Pour commencer, ce qui apparaît depuis la Terre comme trois formations compactes est en réalité un ensemble de milliers de disques, chacun étant à son tour constitué d'innombrables particules de toutes les dimensions, de poussières quasiment invisibles et de blocs de glace grands comme des maisons. Comment se sont-ils formés ? Et à quoi sont dues les magnifiques couleurs que nous voyons de la Terre ?

Les dix-huit satellites semblent chacun dissimuler un secret. Encelade présente une surface étonnamment lisse, presque dépourvue de cratères. Un réchauffement récent aurait-il fondu sa surface, effaçant les traces d'impacts de météorites qui caractérisent toutes les autres lunes ? La particularité de Japet est en revanche une énorme différence de brillance entre un hémisphère et l'autre, divisés par une ligne de démarcation très nette : quelle en est la cause ? Titan est le plus mystérieux : il est plongé dans une atmosphère 50 fois plus dense que celle de la Terre, qui contient de l'azote, de l'oxygène et un ensemble de molécules organiques complexes qui retombent continuellement sur sa surface. Bien qu'on l'estime trop froid pour le développement de la vie, Titan est certainement un excellent laboratoire pour étudier les propriétés chimiques et physiques d'un environnement très semblable à celui de la Terre primordiale.

Éclaircir ces aspects mystérieux, et bien d'autres, du « système Saturne », voilà l'objectif scientifique ambitieux de *Cassini*. La distance de cette planète et son éloignement du Soleil, la trajectoire particulière nécessaire pour la mission, sa longue durée et la complexité des observations scientifiques sont autant de facteurs qui ont déterminé les caractéristiques du satellite *Cassini*, différent de tous les précédents notamment sous les aspects techniques.

L'orbiteur mesure près de 7 m de haut et plus de 4 m de large : pour le ceindre, il faudrait que sept personnes se donnent la main les bras ouverts. Il est constitué de quatre sections principales, placées l'une sur l'autre : deux modules consacrés aux appareillages de recherche et de contrôle, le module de propulsion et l'antenne principale pour les communications mesurant 4 m de diamètre. Sur le corps principal sont ensuite ancrés la sonde *Huygens*, le bras qui supporte le magnétomètre (11 m) et deux plates-formes abritant d'autres instruments scientifiques. L'énergie nécessaire au fonctionnement de tous les appareillages est fournie par trois générateurs thermoélectriques qui transforment directement l'énergie due à la transmutation naturelle du plutonium en énergie électrique.

La sonde *Huygens* a un diamètre de près de 3 m. Elle est équipée d'une série de parachutes pour ralentir sa descente dans l'atmosphère de Titan ainsi que de deux boucliers pour la protéger de la chaleur excessive produite par la friction. Une partie des appareillages se trouve sur la sonde même ; l'autre reste sur l'orbiteur pour transmettre à la Terre par l'antenne de *Cassini* les données de *Huygens*.

Dans la réalisation de cette entreprise, on a adopté de nombreuses solutions innovatrices qui pourront bientôt avoir des retombées technologiques sur Terre. Par exemple, pour réduire au minimum la présence de parties mécaniques en mouvement, on a mis au point des enregistreurs de données à état solide – à utiliser à la place des enregistreurs normaux à bande –, qui présentent l'avantage de consommer moins de cette énergie électrique si précieuse à bord de *Cassini*. On a aussi conçu tout exprès des interrupteurs pour réduire au minimum les rapides fluctuations de courant – la première cause de rupture des composants électroniques –, de nouveaux circuits intégrés à haute vitesse, enfin de puissantes puces miniaturisées équivalant à une centaine de puces traditionnelles.

2004-2008

Depuis que vous avez commencé la lecture de ce chapitre, *Cassini* a parcouru des centaines de kilomètres dans sa croisière autour de Saturne. Au terme du dernier millénaire, il a recouru à l'assistance gravitationnelle de Jupiter, ultime tremplin nécessaire pour atteindre son but, puis pour plonger dans l'espace interplanétaire où le satellite passa encore quatre ans, dans une espèce de « léthargie » interrompue seulement par deux expériences de détection éventuelle des ondes gravitationnelles. On a profité de l'occasion pour essayer les caméras de bord qui nous ont fourni de belles images de Jupiter et de ses satellites. Les appareillages dans leur ensemble ont été remis en route en janvier 2004, six mois avant l'arrivée de la sonde, pour effectuer des vérifications et des calibrages, et pour prendre les premières photos du « système Saturne ». L'arrivée eut lieu comme prévu le 1er juillet 2004, après une répétition générale du fonctionnement du système de contrôle et des instruments scientifiques du satellite effectuée dix-neuf jours auparavant. À cette occasion, *Cassini* croisa sur son chemin Phoebé, peut-être le plus étrange des satellites de Saturne, avec son orbite irrégulière et inclinée et son mouvement en sens rétrograde autour de la planète. Les concepteurs de la mission n'ont pas voulu manquer l'occasion d'étudier cet objet, qui pourrait être une comète ou un astéroïde capturé par Saturne et dont on ne pourra plus se rapprocher par la suite. Les photos spectaculaires prises par *Cassini* ont exclu l'hypothèse cométaire.

Immédiatement après sa rencontre avec Phoebé, le satellite se prépara au jour le plus important de son existence opérationnelle, le jour de la manœuvre d'insertion dans l'orbite de Saturne, appelée en jargon « SOI » (Saturn Orbit Insertion). Les moteurs de *Cassini* furent mis à feu pendant plus d'une heure pour ralentir sa vitesse et faire en sorte qu'il soit capturé au bon moment par l'attraction gravitationnelle de la planète, pour être injecté dans une orbite elliptique d'une période de cinq mois. Or, à la distance de Saturne, les signaux mettent environ 80 minutes pour parvenir à la Terre : un temps trop long pour réagir à tous dysfonctionnements. *Cassini* exécuta donc automatiquement toute la série de commandes requises pour son insertion, tout en étant programmé pour des opérations d'urgence en cas de nécessité.

Les images des anneaux ont montré des détails magnifiques aussi bien pour leurs couleurs naturelles que grâce à la véritable dentelle découpée par les ondes de densité dans les innombrables particules qui composent les anneaux. Une preuve spectaculaire de l'intuition de James Clark Maxwell qui, il y a un siècle et demi, fut le premier à postuler que les anneaux de Saturne ne pouvaient s'expliquer que par une population de particules solides.

La manœuvre SOI fut particulièrement délicate. En effet, du fait d'atteindre correctement l'orbite prévue dépend la position de la première rencontre avec Titan en automne 2004. La première vue radar de la petite planète montre une surface très intéressante. Au lieu des « océans » de méthane/éthane, prévus auparavant, on voit une surface solide avec l'évidence d'activité tectonique et, peut-être, des taches de réflexions dues à des dépôts (neige ?) superficiels.

La sonde *Huygens* a été larguée le jour de Noël 2004, trois semaines avant sa descente sur Titan. *Cassini* a dû avoir le temps de se positionner correctement pour suivre la descente de *Huygens*, recevoir les données et les transmettre à Terre. À la suite de sa séparation d'avec l'orbiteur *Cassini*, *Huygens* a atteint les couches supérieures de l'atmosphère de Titan après un vol en solo de 4 millions de kilomètres, qu'il a effectué en vingt jours. Le 14 janvier 2005, la sonde a entamé sa descente vers les couches de nuages qui masquent la surface de Titan depuis une altitude de 1 270 km à 11 h 13 (CET). Au cours des trois minutes qui ont suivi, *Huygens* a dû décélérer de 18 000 à 1 400 km/h. Une série de parachutes l'a ensuite ralentie à moins de 300 km/h. À une altitude d'environ 160 km, les instruments scientifiques de la sonde ont été exposés à l'atmosphère de Titan. À environ 120 km, le parachute principal a été remplacé par un parachute plus petit afin d'atteindre la surface plus rapidement. Les données indiquent que la sonde s'est posée avec succès, vraisemblablement sur une surface solide.

La sonde a commencé à transmettre des données vers *Cassini* quatre minutes après avoir commencé sa descente et a continué de le faire après son atterrissage tant que *Cassini* a été visible au-dessus de l'horizon de Titan. Les images spectaculaires prises par les instruments de *Huygens* montrent que Titan présente de remarquables analogies avec la Terre du point de vue météorologique et géologique, avec un réseau complexe de chenaux de drainage étroits allant d'une zone claire de plateaux vers des zones de plus basse altitude, plus lisses et plus sombres. Ces chenaux se rejoignent pour former des systèmes fluviaux qui se dirigent vers des lacs asséchés dans lesquels on peut déceler des formes rappelant étrangement les îles et les hauts-fonds de notre planète.

Les observations de *Huygens* nous donnent des preuves d'une activité hydrologique à la surface de Titan. Le fluide en question est toutefois du méthane, composé organique simple qui peut exister sous forme liquide ou gazeuse sur Titan, où règnent des températures inférieures à – 170 °C, et non de l'eau, comme sur Terre.

Sur les images, les rivières et les lacs de Titan semblent aujourd'hui à sec, mais il est possible que des précipitations soient tombées dans un passé peu éloigné.

La mission de *Huygens* sur Titan a aussi été suivie par les radioastronomes. En effet, le premier signe du bon fonctionnement de *Huygens* était arrivé plus tôt lorsque le radiotélescope de Green Bank, en Virginie-Occidentale (États-Unis), a détecté un signal faible mais clairement identifiable en provenance de la sonde européenne. Le réseau global de radiotélescopes mobilisés pour l'occasion a continué de recevoir ce signal bien au-delà de la durée de vie prévue de *Huygens*.

Ainsi s'est achevée la mission de la sonde, mais Titan ne sera pas abandonné pour autant : d'une part, les instruments de *Cassini* continueront de l'observer pour compléter les données fournies par *Huygens* ; de l'autre, les survols rapprochés de Titan par l'orbiteur, pendant les quatre années suivantes, lui permettront de varier continuellement son orbite et donc d'observer le « système Saturne » sous de multiples points de vue. De même que, en phase de croisière, on a recouru à l'assistance gravitationnelle des planètes pour modifier la vitesse du satellite, on exploitera dans cette phase la grande masse de Titan pour changer l'inclinaison, la période et la distance de l'orbite Saturne : 74 orbites seront suivies au total, avec une inclinaison variable de 0 à 75 degrés, une période allant de 7 à 155 jours et une distance minimum d'environ 3 à 16 fois le rayon de Saturne. Les différentes combinaisons des paramètres orbitaux permettront aussi d'effectuer des passages aux abords de certains satellites de glace de Saturne, pour mettre au jour leurs caractéristiques. L'énorme quantité de données que les instruments de *Cassini* rassembleront pendant ses quatre ans de travail autour de Saturne sera enregistrée à bord, puis transmise à Terre au moyen de l'antenne à haut gain (fournie à la NASA par l'ASI), qui sera dirigée vers la Terre neuf heures par jour.

L'existence nominale de *Cassini* se terminera le 30 juin 2008 mais, vu les précédents des *Pioneer*, des *Voyager* et de *Galileo* qui ont continué à transmettre des données pendant plusieurs années après la conclusion prévue de la mission, on est en droit d'espérer rester en contact avec le satellite au-delà de cette date. Nombreuses sont les possibilités d'extension de la mission : répéter les observations déjà menées dans des conditions différentes ; se rapprocher davantage de Titan, de Saturne ou des anneaux ; échapper à l'attraction gravitationnelle de Saturne pour retourner dans l'espace interplanétaire ; enfin, aller à la rencontre des autres satellites. Tout cela dépendra de ce qu'on aura pu découvrir lors des quatre ans d'existence opérationnelle prévus, de l'état des instruments et du combustible restant. Il est toutefois probable que *Cassini* nous réservera d'autres surprises, même après la fin officielle de sa mission.

CHAPITRE 6

L'ASTROPHYSIQUE DEPUIS LA TERRE ET DANS L'ESPACE AVEC OCCHIALINI ET ROSSI

Le XXᵉ siècle commence avec de grandioses découvertes en physique expérimentale et des intuitions de physique théorique dans le monde entier : l'électron, la radioactivité, les rayons X, mais aussi la théorie des quanta, la mécanique statistique et la relativité. L'Europe occupe une position centrale dans le développement de la physique, comme dans celui de toute la science et plus généralement de la culture dans le monde. Les États-Unis sont un pays encore en pleine croissance, en quête d'identité et de plus en plus peuplé par une immigration galopante ; celle-ci se limite surtout à une main-d'œuvre attirée par des conditions de vie meilleures, fuyant souvent la misère. Jusqu'au traumatisme de la Première Guerre mondiale, la solide tradition scientifique du XIXᵉ siècle qui a jeté les bases de la physique moderne se perpétue dans les grandes nations européennes telles l'Angleterre, l'Allemagne et la France.

C'est après la guerre que l'Italie engage son grand processus de modernisation culturelle : des réformes de l'enseignement et, surtout, l'intérêt neuf que les institutions portent à la recherche. On fonde, par exemple, le CNR (Conseil national de la recherche) et d'autres organismes comme l'Institut supérieur de la santé. En science, l'importance du rôle politique des savants se dessine : par exemple, le premier président du CNR, Vito Volterra, mathématicien, a participé après la guerre mondiale aux conférences internationales sur la reconstruction dans la délégation italienne. Pour la physique, qui doit encore être modernisée et réformée en Italie, le rôle politique prend une importance particulière ; il sera joué par deux personnages auxquels la physique italienne doit beaucoup, aujourd'hui encore : Orso Mario Corbino à Rome fut sénateur, et Antonio Garbasso à Florence en fut le maire.

L'histoire est également faite de coïncidences, c'est-à-dire de hasard ou de chance. Sans la naissance de Fermi (1901), le groupe des « jeunes de Corbino » qui fit connaître au monde entier la via Panisperna – une rue de Rome comme les autres – n'aurait pas été une école du même calibre. Naturellement, la coïncidence dans l'espace et le temps d'autres membres du groupe tels Segré, Rasetti, Amaldi, Pontecorvo, joua aussi un rôle. Il s'est passé le même genre de phénomène dans la Florence de la fin des années 1920, sans Fermi mais avec Antonio Garbasso, simultanément professeur ordinaire de physique à l'université et maire de Florence investi d'un grand pouvoir politique. C'est lui qui créa le groupe d'Arcetri, qui fit décoller la physique à Florence et qui encouragea la synergie avec le groupe de Corbino à Rome. Il ne s'agit là ni de mécénat, ni du pari risqué engagé par un exalté : c'est un calcul politique précis, fait par Corbino comme par Garbasso avec une passion pour leur discipline, la physique, mais aussi avec une perspective de développement de l'Italie qui, dans ce domaine, se révélera prophétique et gagnante.

À Florence se forme ainsi, grâce à Garbasso, une école qui jouera un rôle déterminant dans la formation d'Occhialini et Rossi, deux acteurs de l'astrophysique spatiale dans la seconde moitié du XXe siècle, en Europe comme aux États-Unis. Que l'école de Florence ait connu une orientation croissante vers l'astrophysique, c'est là encore l'effet de coïncidences spatiales et temporelles. L'Institut de physique de l'université se trouvait près de l'Observatoire d'Arcetri dirigé par Giorgio Abetti, un homme charismatique et visionnaire. La bibliothèque commune, les séminaires et plus globalement la collaboration scientifique firent naître tout naturellement des intérêts communs.

Sur le plan temporel, la seconde moitié des années 1920 voit s'engager, en Europe mais aussi aux États-Unis, un vif débat sur la nature des rayons cosmiques, avant même qu'on s'interroge sur leur origine. C'est précisément l'intérêt pour les rayons cosmiques qui favorisera l'amitié entre le jeune Bruno Rossi, né en 1905, et Giuseppe Occhialini, encore plus jeune, né en 1907, qui travaillent ensemble à Arcetri dès 1929. Outre l'intelligence et l'enthousiasme, ils partagent un amour marqué – qu'on qualifierait presque de « galiléen » – pour l'expérience, pour la preuve observationnelle et irréfutable de chaque concept théorique. C'est sur ce plan qu'ils commencent leur carrière commune, dans les années des compteurs Geiger et de l'électronique à soupapes, pour la poursuivre sur plus d'un demi-siècle d'innovation scientifique et technologique, jusqu'aux missions d'astrophysique spatiale qui portent aujourd'hui leur nom.

Giuseppe Occhialini (1907-1993)[1]

L'enfance et l'adolescence d'Occhialini se déroulent dans les universités où enseigne son père, Raffaele Augusto – la personne qui, avec Blackett, influença le plus sa vie et sa pensée. À Pise de 1911 à 1917, à Florence ensuite, où « Beppo » reste avec sa mère Etra jusqu'à sa licence en 1929 pour devenir les années suivantes assistant volontaire, puis chargé de cours, puis membre permanent à l'Institut de physique de l'Université de Florence. Celle-ci se situe alors à Arcetri, à deux pas de l'Observatoire et du Gioiello où Galilée passa les dernières années de son existence.

À Florence, la licence de physique avait été instituée depuis peu, sous l'impulsion d'Antonio Garbasso et d'Enrico Persico, deux grandes figures charismatiques dans cette étonnante effervescence scientifique qui marqua

1. Une véritable biographie de Giuseppe Occhialini n'a jamais été écrite, que je sache, ni par des amis ni par des collègues, encore moins par lui-même. Je suis content de m'y essayer, moi qui fus son élève et qui l'ai beaucoup admiré, parfois un peu craint, pas toujours compris peut-être, mais qui l'ai toujours considéré comme un point de référence.

l'Italie des années 1920 et 1930. Incorrigible romantique, Beppo devait se rappeler plus tard que « la vue offerte par les fenêtres de l'Institut de physique faisait pardonner son matériel déficient, le manque de fonctionnalité de sa structure conventuelle et sa difficulté d'accès » (il escaladait à vélo la pente de la colline d'Arcetri depuis Florence).

L'école de physique d'Arcetri naît dans les années mêmes où Occhialini décroche son diplôme. À côté des anciens travaille un groupe de jeunes comme G. Bernardini, A. Colacevich, L. Emo, G. Racah et une femme, Daria Bocciarelli. Pour Beppo, c'est la présence de Bruno Rossi qui revêt une importance particulière. Il est arrivé de Bologne en 1928 avec une licence toute fraîche, et deux ans d'écart représentent déjà un rapport de maître à élève, dans une école faite de jeunes au tempérament enthousiaste et compétitif. Rossi venait de lire (et de faire lire) un article sur l'origine et la nature des rayons cosmiques. Occhialini lui en proposa un autre, du célèbre Millikan. Le physicien américain, découvreur de l'électron et faiseur d'opinion dans la physique mondiale, soutenait que la « *cosmic radiation* » (ainsi baptisa-t-il ce que, en 1912, le physicien d'origine autrichienne Hess avait appelé plus prosaïquement « *Höhenstrahlung* », radiation d'en haut) était composée de rayons gamma. Dans les années 1920, les rayons gamma de la radioactivité naturelle étaient la radiation la plus pénétrante que l'on connut : l'hypothèse était donc logique. Quarante ans plus tard, Occhialini lancera l'astronomie des rayons gamma en Italie et en Europe : qui sait si l'origine de cette idée ne remonte pas à l'article de Millikan qu'il avait lu avant Rossi ?

Comme toujours, l'avancement de la physique ou de l'astronomie est déterminé par les développements expérimentaux, notamment ceux qui sont liés aux détecteurs de particules. En cela, l'école d'Arcetri avec Rossi et Occhialini possédait les talents pour produire quelque chose de vraiment nouveau. En partant des tubes de Geiger et Müller, capables de détecter et de compter les rayonnements ionisants, Rossi inventa un ingénieux système de connexion logique des détecteurs, tel que les signaux « en coïncidence » permettent de suivre une particule pénétrante. La « coïncidence à la Rossi », inventée en exploitant l'électronique à soupapes, devint bientôt un instrument fondamental pour tous les circuits électroniques, bien au-delà de l'étude des particules ou des rayons cosmiques.

Outre son travail avec Rossi sur la coïncidence, Occhialini s'intéressait dès cette époque aux révélateurs à images des particules, qui produisent une photographie (ou son équivalent électronique) d'une réalité physique rendue visible pour la première fois. À la fin des années 1920, l'appareil principal dans ce domaine était la « chambre de Wilson », qui permettait de visualiser les traces laissées par les particules. Emilio Segrè, prix Nobel de physique, conserva un vif souvenir de la première fois qu'il rencontra Occhialini, peut-être en 1929, à Rome : « [...] Il avait deux préoccupations : comment échapper au service militaire et comment réaliser une chambre de Wilson d'un mètre de diamètre [...] une idée qui était considérée à l'époque comme mégalomaniaque, voire ridicule... »

Le premier grand tournant dans l'existence d'Occhialini – et dans la physique mondiale – fut inspiré par Bruno Rossi, qui connaissait bien le travail de Patrick Blackett à Cambridge, en Angleterre. En 1931, Occhialini partit pour le Cavendish Laboratory de Blackett, muni d'une lettre de recommandation de Rossi et d'une bourse d'étude du CNR : il y découvrit un monde entièrement nouveau par rapport à l'Italie, déjà très fasciste et sur la voie de l'autarcie. Le Cavendish constitua l'un des pôles de la révolution mondiale en physique survenue entre 1931 et 1934, avec un rythme et une profondeur difficiles à imaginer de nos jours. C'est au cours de ces quelques années, rappelons-le, que l'on prédit et découvrit l'antimatière ; on découvrit le neutron, avec des conséquences immédiates sur la compréhension de la structure du noyau et de ses modes de désintégration radioactive ; on révéla la nature des rayons cosmiques primaires (grâce à Rossi), avec des conséquences considérables en astrophysique, interprétées des années plus tard par Fermi ; enfin, ce même Fermi découvrit à Rome la faculté qu'ont les neutrons d'induire la radioactivité des éléments naturels – le premier pas vers la fission nucléaire.

Occhialini vécut ces années fébriles et intenses avec la passion de se trouver au premier plan (il n'avait pas 30 ans) et la conscience de posséder un don particulier pour le développement de méthodes expérimentales, pour leur utilisation et leur interprétation. Peu après son arrivée chez Blackett, il proposa une modification fondamentale de la chambre de Wilson qu'on employait alors au Cavendish pour visualiser le rayonnement cosmique. Elle consistait à munir la chambre d'une commande pour enregistrer l'image du passage des particules non plus au hasard – comme jusqu'alors –, mais seulement quand arrivait un signal de coïncidence « de Rossi » entre deux compteurs Geiger placés sur et sous la chambre. On faisait donc fonctionner la chambre seulement après que des particules susceptibles de laisser leur trace étaient effectivement passées ; ainsi pouvait-on obtenir des images utiles pour chaque expansion de la chambre. Une augmentation d'un facteur très important, de l'ordre de 1 000, sur la capacité d'observer effectivement les rayons cosmiques.

Blackett comprit immédiatement l'importance de la chambre « contrôlée », et l'appareil commença bientôt à relever des données. Les difficultés des circuits associés aux Geiger n'avaient pas disparu pour autant : Blackett rappelle que « pour les faire fonctionner, il fallait cracher dessus un vendredi soir de carême... ». Mais finalement tout fonctionna, et les légendes abondent sur ce qui se passa alors dans la calme et digne Cambridge. On dit que Blackett, très sérieux officier de marine, sortit de la chambre noire où l'on développait les photos prises par l'appareil en criant « *One on each, Beppo !* » – chaque exposition avait une trace utile à la physique ! Beppo lui-même, paraît-il, se précipita chez Rutherford, le gourou de la physique anglaise et mondiale, et embrassa dans son élan la domestique venue lui ouvrir la porte. Malgré son avarice proverbiale, Rutherford enthousiasmé par les photos que Beppo avait entre les mains, lui aurait signé sur-le-champ un chèque de 50 livres sterling... Il existe aussi des légendes négatives. Blackett aurait reproché au jeune Italien une certaine inconstance – elle deviendra typique – dans le travail, et aurait dit : « Si Occhialini n'avait pas pris de longues vacances, nous aurions découvert le positron (l'électron positif) avant Anderson... » Là encore, qui sait ? En tous les cas, tel était bien l'enjeu : arriver à publier les premiers l'évidence photographique d'un électron positif. Mais l'Américain Anderson précéda le groupe de Cambridge de quelques mois, remportant immédiatement le prix

Nobel. Blackett et Occhialini eurent tout de même la satisfaction d'avoir été les premiers à mettre en relation la particule qu'ils avaient observée (l'électron positif) avec l'antimatière prévue par la théorie relativiste, alors très récente, de l'électron de Dirac.

Parti trois mois pour l'Angleterre, Beppo y a passé trois ans. En 1934, il rentra à Arcetri pour y trouver un climat politiquement difficile et un laboratoire transformé : Rossi, par exemple, étendait son emprise, se faisait toujours plus intolérant et pouvait sévir en toute impunité. Occhialini partit alors pour le Brésil, ce grand pays neuf qui cherchait à se développer en physique et demandait le concours de l'école italienne. Il y resta de 1937 à 1944, durant les années difficiles de la guerre. À São Paulo, où il fonda une école de physique, et à Rio de Janeiro où pendant un an il fut invité au laboratoire de biophysique du grand C. Chagas (prix Nobel de médecine).

À la fin de l'année 1944, Beppo quitte le Brésil pour l'Angleterre. Il lui paraîtrait normal d'être engagé dans la recherche militaire, mais on le refuse et il s'en étonne. On imagine pourtant la méfiance des Anglais, éprouvés par une très longue guerre : que peut bien vouloir cet Italien, suspecté de communisme, qui rentre du Brésil ? Alors, grâce à Blackett, il rencontre Cecil Powell et commence à travailler avec lui au Wills Laboratory de Bristol. Powell est une autre figure clé de la vie d'Occhialini (avec son père, Rossi et Blackett), en ce sens qu'il exerça une forte influence sur sa façon de faire de la recherche. Dans sa collaboration avec Powell, Beppo fait une contribution décisive avec une nouvelle technique expérimentale.

Le groupe de Bristol s'était lancé dans une nouvelle technique de détection : l'émulsion photographique, où des particules chargées peuvent laisser une trace, comme sur un film photosensible. Mais les émulsions dont on disposait jusqu'alors n'étaient pas assez sensibles pour faire de la physique sérieusement. Avec sa ténacité et son intuition, Beppo repart donc de zéro : avec les techniciens d'Ilford, il transforme les plaques en un formidable instrument de détection et d'étude des particules élémentaires, qui restent toutes à découvrir dans la physique de l'immédiat après-guerre. Il envisage d'emblée les rayons cosmiques – sa première passion, à Arcetri, et l'objet des travaux de Rossi – comme étant la source idéale de particules de haute énergie. Leur étude exige toutefois un certain esprit d'aventure : la guerre n'est terminée que depuis une année, il n'est donc pas facile de se déplacer, mais on n'obtient une bonne exposition au rayonnement cosmique qu'à la montagne. Ainsi Beppo profite d'une autre de ses passions, la spéléologie, et d'une campagne dans les Pyrénées, pour transporter un paquet de nouvelles plaques « Ilford C2 » au pic du Midi, à presque 3 000 m. Les plaques sont peu nombreuses (deux douzaines) et très petites (2 x 1 cm), mais elles suffisent. Selon Powell : « Il devint immédiatement clair que tout un monde nouveau se révélait... Tout se passait comme si l'on était soudain parvenu à pénétrer dans un verger muré où des arbres protégés avaient fleuri et toutes sortes de fruits exotiques avaient mûri à profusion sans gêne. » Au-delà des images poétiques de Powell, une nouvelle physique était manifestement possible. Peu après, en 1947, le travail sur la découverte du méson π et sur sa désintégration est publié : comme en 1932 avec le positron de Dirac, la découverte du méson de Yukawa était d'une importance essentielle pour la physique fondamentale et ne fut obtenue que grâce à une percée conceptuelle dans la méthode expérimentale.

À cette époque, Occhialini rencontre non seulement le pion, mais aussi Constance Dilworth, une physicienne spécialiste des émulsions. Ils se marient peu après et en 1948, ils quittent Bristol où Beppo n'aurait d'ailleurs dû rester que quelques mois pour l'Université Libre de Bruxelles. Occhialini y fonde et y dirige alors un groupe de recherche sur les émulsions, qu'une nouvelle collaboration avec Kodak – outre Ilford – rend encore plus sensibles et appropriées à la physique. Le barycentre du travail demeure l'étude des rayons cosmiques, utilisés principalement comme sources de particules de haute énergie : les accélérateurs ne sont pas encore compétitifs, même si le CERN ne tardera pas à prendre corps.

Entre-temps, la carrière académique de Beppo progresse en Italie. Elle est soutenue par son père qui, ayant atteint la limite d'âge, s'apprête à abandonner sa chaire de Gênes. Et c'est là même qu'on nomme son fils en 1950, pour sa première vraie situation en Italie. Du reste, Raffaele Occhialini avait fait clairement savoir à tout le monde – à Giovanni Polvani, par exemple – qu'il voulait voir son fils dans la chaire de Gênes. Beppo y forme bientôt un nouveau groupe de recherche, avec la première génération de ses élèves italiens.

En 1950, encore très jeune, Occhialini est élu à l'Académie des Lincei. En 1951, son père meurt, sans doute heureux d'avoir vu se réaliser les rêves qu'il nourrissait sur son fils, dont il avait très tôt pressenti l'envergure scientifique et humaine. Tout en travaillant à Gênes, Occhialini poursuit son activité à Bruxelles, toujours centrée sur le développement des émulsions nucléaires pour l'étude des rayons cosmiques, qui continuent d'être la seule source de particules de haute énergie. En 1952, il est nommé à la chaire de physique supérieure de l'Université de Milan, où l'étude des particules dans les chambres de Wilson est de haut niveau. Une partie du groupe de Gênes s'installe à Milan où Beppo constitue un groupe de recherche, tirant profit de l'attrait qu'il suscite, de son puissant charisme (il n'a au fond que 45 ans) ainsi que de l'enthousiasme et de la flexibilité de la recherche académique de ces années-là en Italie.

À Milan, Occhialini trouve en Polvani un ami et un protecteur sûr ; l'activité du groupe se renforce et se diversifie. Il n'interrompt pas pour autant ses collaborations avec l'étranger : Beppo dirige toujours le laboratoire de Bruxelles et il est chargé par l'Unesco d'organiser la recherche physique au Brésil. En Amérique du Sud, il participe également à la réalisation du plus grand laboratoire pour l'étude des rayons cosmiques en haute altitude (plus de 5 000 m) à Chacaltaya, dans les Andes boliviennes. Ce sont les dernières années où les rayons cosmiques restent la source unique de particules énergétiques. C'est aussi l'époque où la méthode des émulsions nucléaires donne ses plus beaux résultats, encourageant les chercheurs à entreprendre de grandes collaborations internationales. Beppo en dirige une, bien entendu, depuis Milan, avec Powell.

En 1954, c'est de Milan encore que part un paquet de plaques particulièrement soignées, qui doivent être exposées à une altitude exceptionnellement élevée : on le confie à l'expédition italienne pour la conquête du K2, 8 611 m, dans l'Himalaya. Occhialini aurait peut-être bien aimé accompagner Ardito Desio, un collègue de Polvani et de lui-même, chef de l'expédition, du moins jusqu'au camp de base. Le paquet de plaques fut consciencieusement emporté par les alpinistes jusque très haut, sur l'éperon des Abruzzes (plus de 7 000 m), avec un enthousiasme probablement limité de la part des montagnards, peu sensibles à la physique des particules. Mais au moment de redescendre après la conquête du sommet, les plaques furent « oubliées » dans un camp d'altitude : les vainqueurs du K2 dirent alors que « ceux qui le souhaitent peuvent remonter les chercher ». Elles doivent toujours s'y trouver : qui sait combien de rayons cosmiques elles ont recueillis ?

En Europe, à Genève, la grande aventure du CERN s'engage au début des années 1950. L'organisation est fondée officiellement en 1954 : plusieurs décennies avant Maastricht et quelques années après la fin d'une guerre dévastatrice, les physiciens des plus grandes nations jettent donc les bases de l'union de l'Europe, en partant de la science et en montrant qu'ils sont capables de travailler et de construire ensemble ; mieux, en arrivant bientôt à concurrencer, puis à dépasser leurs collègues américains, sortis très puissants de la recherche militaire. C'est pour l'Europe un épisode historique et culturel de grande portée, où la physique italienne avec Amaldi, Occhialini et d'autres joue un rôle déterminant. Le groupe de Milan se reconvertit dans l'utilisation des faisceaux de particules accélérées artificiellement au CERN, mettant ainsi brillamment un point final à la recherche sur les rayons cosmiques : s'ils demeurent largement mystérieux du point de vue astrophysique, ils sont dépassés comme outils de recherche de la structure subnucléaire de la matière.

Le retour d'Occhialini et de son épouse Connie à la physique du rayonnement cosmique, quelques années plus tard, a lieu par une nouvelle intercession de Bruno Rossi, trente ans après Arcetri. Rossi invite les Occhialini au MIT (Massachusetts Institute of Technology), où il dirige depuis plusieurs années déjà la recherche spatiale naissante aux États-Unis. Après un an passé au MIT, Beppo retourne avec enthousiasme à l'étude des rayons, de tous les types, qui proviennent du ciel et qui maintenant, après le *Spoutnik* (1957), peuvent être capturés et étudiés en direct. Mieux, ce sont les techniques mêmes de détection à bord de ballons ou de satellites qui fascinent Beppo et Connie : avec Rossi, ils se mettent donc à rechercher les moyens d'appliquer à l'espace des méthodes et des idées développées pour l'étude des particules élémentaires.

Rossi fait école dans les domaines de l'étude de l'environnement de particules autour de la Terre (que l'on appelle de nos jours « magnétosphère ») d'une part, et dans l'étude des photons de haute énergie, X et gamma, de l'autre. Quant à Beppo, il lance le groupe de Milan sur ces deux thèmes, au début des années 1960. En Europe, moins de dix ans après la fondation du CERN, une deuxième grande aventure scientifique unitaire a débuté : la conquête de l'espace. En 1963, on fonde l'ESRO (European Space Research Organization), auquel participent essentiellement les mêmes grands noms de la physique européenne responsables de la naissance du CERN ainsi que, naturellement, le chef charismatique de l'aventure spatiale italienne, Luigi Broglio, disparu en 2001. En parallèle s'inaugure l'ELDO (European Launcher Development Organization, l'ancêtre d'Arianespace), dont les activités se rattachent plus spécifiquement à l'ingénierie et à l'industrie.

Le groupe de l'Université de Milan conduit par Occhialini augmente en nombre et en importance ; il acquiert le soutien du CNR et se lance – c'est le premier en Italie – dans la conception et la construction d'instruments spatiaux, d'abord sur ballon puis sur satellite. C'est une période très féconde où tout reste à découvrir : y a-t-il, par exemple, des neutrons qui proviennent du Soleil et qui ont une incidence sur l'atmosphère ? Existe-t-il, parmi l'immense majorité de protons, quelques électrons dans les rayons cosmiques primaires ? Et des positrons ? Et les rayons gamma – ceux de Millikan à la fin des années 1920 ? Y en a-t-il qui émanent du Soleil, ou de la galaxie, ou de l'espace profond, comme les rayons X que viennent de révéler Rossi et Giacconi ? Le groupe de Milan se plonge dans tous ces problèmes, entraîné par l'enthousiasme et l'énergie de Beppo, ainsi que par son talent à tisser un réseau de collaborations internationales. On commence avec le groupe français de son ami Jacques Labeyrie, qui sait tirer parti pour l'astrophysique de l'effort que la France de Charles de Gaulle fournit en recherche atomique, au Centre d'études atomiques de Saclay, près de Paris. C'est avec les Français qu'arrivent les premiers succès dans les vols en ballon, avec des appareils servant à mesurer les électrons et les rayons gamma.

Dans le même temps, Beppo mesure l'importance de l'aventure européenne de l'ESRO et dès 1964, il est présent dans ses organes de décision et de consultation. En 1965, on approuve la première charge utile du satellite européen *HEOS-A*, qui comporte un instrument fruit de la collaboration italo-française. Il s'agit bien sûr d'un appareil servant à mesurer les électrons des rayons cosmiques, élaboré conjointement par les groupes de Milan et de Saclay. Presque en même temps, à bord du satellite *TD-1* (toujours de l'ESRO), on embarque un instrument entièrement milanais consacré à la mesure des rayons gamma du Soleil, ainsi qu'un instrument franco-italo-allemand pour les rayons gamma provenant du ciel profond. C'est un début en grand style où tout reste à inventer : l'astrophysique de la mission, la physique et la technologie du détecteur (en grande partie réalisé sur place), enfin la production de pièces par une industrie qui fait, elle aussi, ses tout premiers pas dans l'espace.

En 1966, alors étudiant en licence, j'entre dans le groupe d'Occhialini avec une grande émotion. On me met tout de suite au travail sur l'appareil de mesure des rayons gamma solaires, le premier sur satellite ; cela me fournit l'occasion d'observer et d'assimiler les capacités d'action scientifique, humaine et politique de Beppo. À la suite de ses premiers succès dans l'espace, le groupe de Milan se renforce et augmente en nombre. La structure de l'université, toujours un peu improvisée, ne suffit plus. Heureusement, dans ces mêmes années, le CNR se structure en véritable organe de recherche, avec son personnel propre, indépendant des universitaires. En 1970, on fonde ainsi à Milan l'IFCTR (Institut de physique cosmique et des technologies relatives), avec Beppo comme directeur et deux douzaines de salariés chercheurs et techniciens.

Ce furent des années importantes pour la conception et la réalisation d'un nouveau grand instrument spatial de deuxième génération : *COS-B*, entièrement consacré à l'astronomie des rayons gamma. En 1970, Occhialini lance le projet en collaboration européenne : le groupe de Saclay, bien sûr, puis celui du Max Plank Institut für Extraterrestrische Physik à Münich, avec R. Lüst (qui deviendra directeur général de l'ESA), l'Université de Leyde avec H. Van de Hulst et l'Université de Southampton de George Hutchinson. Dans l'aventure du *COS-B*, comme pour les autres équipements de l'ESRO, Beppo imprime son caractère constructif et supranational (même s'il est Italien pure souche). En 1975, le satellite *COS-B* est mis sur orbite, devenant ainsi le premier grand succès européen en astrophysique des hautes énergies.

L'année 1975 marque aussi la création de l'ESA (European Space Agency). Héritière de l'ESRO sur le plan scientifique, elle porte une attention nouvelle aux applications spatiales dans l'industrie et le marché européen. C'est un pas en avant, dans une Europe qui connaît de rapides changements. Mais Beppo n'y retrouve plus, peut-être, l'esprit pionnier et un peu rebelle qui caractérisa toute sa vie. Et de fait il n'entrera jamais à l'ESA. À cette même époque commencent les difficultés au laboratoire du CNR, dans une Italie et un milieu académique bouleversés par l'année 1968 en Europe, ainsi que par la révolution sociale italienne du début des années 1970. Beppo abandonne la direction du laboratoire, le privant ainsi d'une conduite qui aurait été indispensable pour renforcer la présence milanaise et italienne dans l'espace scientifique européen. Il poursuit bien entendu son activité scientifique, avec Connie et quelques intimes, mais il n'est plus là pour lancer les chercheurs italiens en Europe. Il connaît toutefois une grande satisfaction personnelle : le prix de la Fondation Wolf en Israël, en 1981. Un prix extrêmement significatif et prestigieux remporté aussi – quelle coïncidence – par Bruno Rossi et Riccardo Giacconi quelques années plus tard (1987).

La gestion politico-scientifique de la mission *COS-B* au cours de la décennie 1972-1982, toujours plus indirecte, représenta le chant du cygne de la carrière d'Occhialini en tant qu'homme de science européen. Cette première mission de l'ESA nouveau-née fut un succès, avant tout pour la technologie de bord, mais aussi pour la gestion dans son ensemble. C'était la première fois, rappelons-le, que l'Europe se confrontait à un satellite entrant dans la catégorie des observatoires opérationnels mis sur une orbite profonde. La mission dura près de sept ans, plus du triple du temps prévu. La technologie de vol comprenait pour la première fois des détecteurs sophistiqués et une électronique « intelligente ». Beppo définit et géra la mission au niveau européen, avec son inimitable administration fondée sur les personnes, sur l'efficacité et la rigueur scientifique. Dans les publications avant tout, où il s'attachait de façon presque maniaque à la précision des contenus et à l'austérité du style. Les résultats de la mission *COS-B* modifièrent sous plusieurs aspects l'astronomie des rayons gamma naissante, donnant à l'Europe une nette longueur d'avance sur les États-Unis, et ce pendant au moins dix ans.

Il ne s'agissait pas de résultats aussi fondamentaux que ceux de l'électron positif ou du méson π, et la contribution directe de Beppo fut sans nul doute inférieure. Mais la découverte du ciel gamma représenta, d'une part, un résultat de portée mondiale dans le domaine nouveau de l'astrophysique spatiale ; de l'autre, elle donna au groupe de Milan – et indirectement à l'Italie tout entière – l'assurance de savoir construire des instruments spatiaux de deuxième génération, en collaboration avec l'industrie, et de savoir interpréter et exploiter leurs données.

Le début des années 1980 inaugure la très longue aventure d'un satellite scientifique italien. Beppo – qui passe de plus en plus de temps dans sa retraite de Toscane – se prononce en faveur du *SAX*, le satellite consacré à l'astronomie X qui aujourd'hui porte son nom. Le choix entre deux propositions arrivées en finale pour l'astronomie X n'est pas aisé. Occhialini est officiellement investi du rôle d'arbitre, comme membre d'un comité d'experts instauré par le pouvoir politique. Et ce n'est pas un hasard si l'on convoque Bruno Rossi dans ce même comité. Ainsi Rossi et Occhialini nouent-ils leur dernière collaboration, près de soixante ans après avoir travaillé ensemble pour la première fois, digne conclusion de deux longues carrières, différentes mais aussi brillantes l'une que l'autre et souvent entrelacées. Ils mêlent jusqu'à leurs destins finaux : Bruno et Beppo meurent à quelques semaines d'intervalle, des années avant que *BeppoSAX* n'aille enfin en orbite. En 1993 justement, l'European Physical Society élit Occhialini membre honoraire, ultime et importante reconnaissance. À quelques jours de la disparition de Beppo, le hasard fait également mourir son grand ami Bruno Pontecorvo, presque du même âge que lui. On se souvient du célèbre toast porté par Pontecorvo aux 60 ans de Beppo, avec ce message envoyé depuis l'Union soviétique : « Je porte un toast à vous tous, amis et élèves de Beppo, en vous souhaitant de travailler avec lui à quelque entreprise scientifique : c'est une manière pratiquement certaine d'obtenir le prix Nobel. » Ces mots se sont révélés prophétiques, puisqu'en 2002 le prix Nobel de physique a été attribué à Riccardo Giacconi, l'un des premiers élèves de Beppo à Milan.

On a dit beaucoup de choses sur Occhialini et le Nobel : Blackett en 1948 et Powell en 1950 le remportèrent, tous deux pour des travaux qui portaient l'empreinte déterminante d'Occhialini. Pourquoi ce dernier n'y a-t-il pas été associé ? Était-il trop jeune ? Peut-être à l'époque de son travail avec Blackett (il avait 25 ans) mais non quinze ans après, lors de la découverte du pion avec Powell. Il était communiste ? Certainement pas plus que Powell, l'un des rares Anglais déclarés tels pendant la guerre. La réponse se trouve peut-être dans les documents de Stockholm : cinquante ans ont passé, les protagonistes ont désormais disparu et les règles sévères de l'Académie autoriseraient à présent les historiens de la science à prendre connaissance des procès-verbaux des discussions et de toute la documentation s'y rapportant.

Bruno Rossi (1905-1993)

Sur ceux qui y sont nés et y ont passé leurs années d'enfance, Venise semble laisser une empreinte indélébile. Ce souvenir de la lagune, des montagnes et de la mer est toujours resté très vif chez Bruno Rossi, même après un demi-siècle et une vie professionnelle passée presque entièrement aux États-Unis. Après Venise, Rossi étudie à l'Université de Padoue, puis à Bologne, où il décroche à 22 ans tout juste la licence de physique qui vient d'être instituée. De la Bologne de 1925-1927, Bruno porte le sceau de la rigueur des enseignements de mathématiques – analyse et mécanique rationnelle notamment – et de physique expérimentale.

Tandis que l'école italienne de mathématiques était reconnue dans le monde entier, la physique « de laboratoire » en était à ses balbutiements et l'Italie n'offrait pas beaucoup d'endroits où mener sérieusement ce genre de recherche. Mais Rossi, dès le début, avait les idées claires : le choix qui s'imposait était Florence, ou plutôt l'Arcetri de Garbasso. Il y arriva en 1928 et se vit demander par Garbasso quel âge il avait : « Presque vingt-trois », répondit-il. Soupir de Garbasso : « Comment fait-on pour être aussi jeune ? »

Le hasard a fait converger à Arcetri un groupe d'intelligences exceptionnelles et bien assorties, donnant le jour à une école en tout point comparable à (et en étroite collaboration avec) celle des « jeunes de Corbino » à Rome – hormis peut-être la présence de Fermi, « père » de la physique à 30 ans.

À Arcetri, Rossi collabore avec Gilberto Bernardini et surtout Occhialini, encore plus jeune que lui. À l'ordre du jour, les rayons cosmiques, la « Höhenstrahlung » de Bothe et Kohlhöster. Leur nature corpusculaire, du moins au niveau de la mer, est immédiatement démontrée à l'aide des compteurs Geiger-Müller, le dernier cri en provenance d'Allemagne que Bruno Rossi modifie, voire pratiquement refait. En menant des expériences avec les circuits, à soupapes naturellement, de commande et de contrôle des compteurs, Rossi a l'idée qui le rend célèbre dans le monde entier. C'est la « coïncidence de Rossi », à savoir une façon de relier les signaux de sortie de deux (ou plus) tubes Geiger-Müller de façon qu'ils émettent un signal seulement après qu'une particule les a tous traversés.

Cela marque un pas en avant, surtout dans la logique électronique, dont Rossi est peut-être le seul à mesurer pleinement la portée : voilà un morceau d'électronique destiné à révolutionner l'étude de la physique des hautes énergies, aujourd'hui pour les rayons cosmiques, demain pour toutes les expériences de physique des particules élémentaires. Chose plus importante encore, les calculateurs électroniques – en 1930 encore *in mente dei* – se fonderont tous sur cette logique que Rossi publia dans la *Physical Review* et qu'il n'eut jamais l'idée de breveter.

Si l'idée de Rossi ne fit pas de lui un homme riche, il fut le premier à posséder un véritable « télescope » à rayons cosmiques, avec lequel on a pu confirmer que les rayons – ou mieux, les particules – provenaient la plupart du temps d'en haut. L'étape suivante fut de tenter de comprendre le signe de la charge des particules incidentes ; pour cela Rossi inventa – et commença à essayer de l'utiliser – une « lentille magnétique » capable de focaliser des particules du même signe. Des années plus tard, l'un des résultats les plus brillants de Rossi, la découverte de la véritable nature physique des rayons cosmiques primaires, sera inspirée de ces travaux à Arcetri.

Rossi fut le premier des « jeunes de Garbasso » à se rendre à l'étranger : en 1930, il passe quelques mois chez Bothe à Berlin, au Physikalisch-Technische Reichsansalt, le temple de la physique. À l'âge de 25 ans, il se retrouve ainsi parlant devant un auditoire au premier rang duquel siègent Einstein, Planck, Heisenberg et bien d'autres. De plus, il fait la connaissance de Blackett, qui est lui aussi à Berlin. Ce sera le début d'une grande amitié qui, comme nous l'avons vu, favorisera le séjour d'Occhialini à Cambridge.

Avec l'acuité et la générosité qui le caractérisent, Bruno avait compris qu'en exploitant « sa » coïncidence, le groupe de Blackett pourrait faire un bond en avant de qualité : il la confie donc au jeune Occhialini, sans conditions particulières. Nous avons également évoqué l'importance, pour le Cavendish Laboratory, qu'a représentée la logique de commande en coïncidence pour prendre des images du rayonnement cosmique.

En 1930-1931, une nouvelle amitié déterminante se dessine pour Rossi : celle de Fermi, avec qui il rédige immédiatement un travail sur l'interaction entre les rayons cosmiques et le champ géomagnétique. En 1931, Guglielmo Marconi, président du CNR, organise à Rome le premier congrès consacré à la physique nucléaire, évidemment orchestré par Fermi. Et c'est ce dernier en personne qui, prophétiquement, invite le tout jeune Rossi à donner la leçon inaugurale, centrée sur la nature des rayons cosmiques. Les deux gourous de la physique américaine étaient présents : Robert Millikan, pour qui les rayons cosmiques étaient des rayons gamma, et Arthur Compton, qui n'ignorait pas ce qu'étaient les rayons gamma mais qui n'avait pas encore d'opinion sur les rayons cosmiques. En écoutant cet Italien de 26 ans démontrer que les rayons cosmiques ne pouvaient être des photons, mais étaient des particules, Millikan a dû se trouver passablement contrarié. Compton y prit plaisir, en revanche, et c'est la présentation même de Rossi qui le motiva à s'intéresser à la question. Entre-temps, Rossi avait conçu une méthode intelligente pour exploiter le champ magnétique terrestre et mesurer la charge de la radiation incidente sur l'atmosphère.

1932 marqua un changement important dans la vie de Rossi : à 27 ans, il décrocha une chaire de physique expérimentale et fut appelé à Padoue. Dans cette université où enseigna Galilée, le jeune Bruno se consacre à l'enseignement avec passion et parvient à s'attirer des élèves très capables et dignes de lui. Parmi eux, un nom impossible à oublier : Eugenio Curiel, brillant étudiant en physique, maîtrise avec mention « très bien », auquel on propose de participer à l'expédition en Afrique que Rossi met sur pied pour l'étude du rayonnement cosmique. Mais Curiel disparaît à l'improviste de la vie académique, pour un motif qui ne devait s'éclaircir que bien des années plus tard. Dès les années 1930, Curiel était un militant antifasciste. Il était entré dans la lutte clandestine pour y rester plus de dix ans, jouant un rôle très important de meneur, d'organisateur politique puis de militaire. S'étant formé à la Résistance, il devint commandant maquisard avec de hautes responsabilités au sein des formations communistes garibaldiennes. Il mourut sur le champ de bataille contre les Allemands, à Milan, le jour précédant la Libération. Lui-même antifasciste, Rossi fut très impressionné lorsque bien plus tard, désormais aux États-Unis, il comprit qui était cet élève, doué mais ayant clairement d'autres choses en tête que la physique.

L'activité universitaire à Padoue offre des aspects intéressants, comme de concevoir et de construire un nouvel institut pour la seule physique ; toutefois, les pensées de Rossi se portent toujours sur la recherche, en combinant techniques expérimentales et analyse physique fondamentale. À sa grande satisfaction, il se rend compte que la communauté scientifique comprend et apprécie son idée que les particules des rayons cosmiques « se multiplient » en quelque sorte avec l'augmentation de l'épaisseur placée entre les compteurs en coïncidence. Ainsi naît la « courbe de Rossi », vérification expérimentale de la production des gerbes de particules prévues par les théoriciens.

En 1937 se réalise enfin l'expédition en Afrique, planifiée depuis l'époque d'Arcetri. En 1930, Rossi avait prévu que la distribution des rayons cosmiques aurait dû faire apparaître une asymétrie par rapport au champ magnétique terrestre, si les particules incidentes sur la Terre avaient toutes été du même signe. Mesuré expérimentalement avec les « télescopes » de compteurs de Rossi, l'effet aurait permis de comprendre enfin la nature des rayons cosmiques primaires. Mais cette mesure, tentée à des latitudes tempérées, n'avait pas donné de résultats significatifs. Il fallait essayer plus près de l'équateur magnétique : par exemple, en Afrique-Orientale italienne : une colonie de l'empire fasciste, mais tant pis... Le génie militaire construisit une cabane pour les observations de Rossi sur le haut plateau d'Asmara, et les compteurs, l'électronique, etc., furent montés avec succès.

Les résultats ne tardent pas à arriver, notamment sur la mesure de l'asymétrie attendue : elle existe bien, comme prévu, et montre que les rayons cosmiques sont des protons, des noyaux de l'atome d'hydrogène – l'élément au fond le plus commun de l'Univers. Un résultat qui vaut à Rossi sa carrière, et qui revêt une importance fondamentale en astrophysique et en cosmologie. Ce n'est pas terminé : les compteurs font apparaître une autre donnée physique magnifique : les particules se multiplient dans l'atmosphère, elles forment de véritables gerbes, exactement comme dans le plomb et dans les autres absorbeurs en laboratoire. Tout cela marque le commencement d'une ère nouvelle, accompagnée de quelques controverses avec un important groupe américain qui avait effectué les mêmes mesures au Mexique, sans citer les prévisions de Rossi.

À son retour en Italie, la situation politique apparaît dramatiquement changée. Si Occhialini, antifasciste convaincu, avait connu des difficultés, l'existence devient impossible pour Rossi : il est juif et son épouse Nora Lombroso l'est également. Les lois raciales le privent de sa chaire, de sa citoyenneté, de la liberté de vivre sa vie. C'est un miracle que les Rossi parviennent à obtenir des passeports, à s'expatrier et à se réfugier provisoirement chez Bohr à Copenhague, puis chez Blackett qui s'est installé à Manchester. Néanmoins, cela ne peut pas durer indéfiniment, Rossi et Blackett le savent pertinemment. Rossi correspondait depuis longtemps avec Arthur Compton, à Chicago, qui recherchait une solution pour ce jeune Juif italien déjà mondialement connu. Cela n'allait pas de soi, justement parce qu'il se formait un engorgement de cerveaux européens fuyant l'Europe nazie-fasciste pour les États-Unis. Mais par ailleurs, il était essentiel pour la recherche militaire et l'effort de guerre américains de ne pas laisser échapper le meilleur de la culture européenne, si bien qu'on trouva une solution.

En juin 1939, Bruno et Nora embarquèrent pour New York sur le *Libertà*. Après avoir salué les Fermi – arrivés à New York depuis peu –, les voilà partis à la découverte de l'Amérique. Chicago pour commencer, où Compton l'attend et où est organisée la grande conférence internationale sur les rayons cosmiques. Bien qu'il parle encore mal anglais, Rossi se sent déjà américain. Quand il rencontre l'Allemand Bothe, son ami et au fond son mentor, il est embarrassé et ne s'adresse pas à lui en allemand. Il se justifie en disant que l'effort d'apprendre à parler anglais lui a fait oublier la langue qui appartient maintenant aux nazis.

À la conférence, il apparaît clairement que le problème à l'ordre du jour, ce sont les « mésotrons » des rayons cosmiques au niveau de la mer, et la possibilité de leur désintégration, dite à l'époque « radioactive » par analogie avec celle des noyaux atomiques. Il s'agit là d'un problème fondamental pour la physique, dont l'enjeu est la compréhension des rayons cosmiques, mais aussi le début des observations sur les particules élémentaires. En outre, cela offre la possibilité fascinante de vérifier expérimentalement la théorie de la relativité spéciale d'Einstein. Les observations se fondent sur une utilisation toujours plus sophistiquée et élégante des télescopes de compteurs, dans la conception desquels Rossi fait rapidement école aux États-Unis. Les mesures doivent être effectuées à différentes hauteurs dans l'atmosphère, pour suivre le développement des gerbes de particules et en comprendre la nature.

Les Rossi, en fait des « bleus » aux États-Unis, alternent tranquillement entre Chicago, Denver, Echo Lake et le sommet du mont Evans (4 300 m) dans les montagnes Rocheuses de l'Ouest sauvage. Au plus beau moment naît leur première fille, Florence. Rossi est fier d'avoir mesuré avec précision la durée de vie de ce que nous appelons aujourd'hui le « méson μ ». Le travail ne sera achevé et publié qu'en 1943, alors que Rossi est déjà professeur associé à l'Université Cornell dans l'État de New York. Des années plus tard, il découvrira qu'à Rome, pendant la guerre et l'occupation allemande, trois de ses plus jeunes collègues avaient mené la même expérience dans une cave – bien sûr sans les moyens des universités américaines.

Les résultats de ces trois Italiens, qui suivaient la méthode de Rasetti, étaient en accord complet avec ceux de Rossi, et ils n'avaient certes pas été obtenus après les siens.

Professeur à Cornell, Rossi commence en 1943 le travail de recherche militaire, dans un laboratoire du MIT, pour le développement du radar. À Cambridge, Massachusetts, où siège le MIT, il rencontre d'autres réfugiés politiques italiens, dont Gaetano Salvemini, qui prêchait son antifascisme depuis Harvard Square avec une bourse de l'Université Harvard.

Il était inévitable qu'on finisse par lui offrir de travailler à Los Alamos : en juillet 1943, Rossi y est invité par Hans Bethe – celui-là même qui lui avait procuré sa place à Cornell. Los Alamos permet de travailler avec les meilleurs physiciens du monde entier et simultanément d'avoir le sentiment de faire quelque chose contre le nazisme (ou peut-être de soulager sa conscience), alors que des millions de gens meurent en Europe et en Union soviétique. D'une part, les scientifiques qui ont fui l'Europe veulent se sentir des acteurs ; de l'autre, après Stalingrad, la puissance militaire américaine regarde avec inquiétude l'Armée rouge qui prépare selon toute vraisemblance sa progression vers Berlin. À Los Alamos, Bruno travaille justement sur l'explosion de cette *chose* qu'on ne peut pas nommer et que l'on doit appeler « gadget » par ordre du général Groves, qui a la tâche ingrate de surveiller cette bande de dangereux intellectuels européens, un peu bizarres, mais très qualifiés et surtout utiles.

En 1944 naît le deuxième enfant de Bruno et Nora, Franck, dans des conditions difficiles. Les structures hospitalières sont un peu trop limitées pour un enfant qui avait besoin de soins sérieux, mais finalement, tout se passe bien. Pendant ce temps, Bruno poursuit ses efforts sur le « gadget », jusqu'à ce fatidique 16 juillet 1945, le premier essai atomique de « Trinity ». Fermi et Rossi sont parmi les premiers à comprendre à fond le mécanisme et les conséquences de cette explosion.

Après la guerre, Rossi devient professeur au MIT, où il restera jusqu'à la fin de sa carrière. C'est une période de maturité et de productivité pour lui : il écrit des livres importants sur la physique des particules, sur les rayons cosmiques et sur l'optique. Tous deviendront des classiques, aux États-Unis et dans le monde entier. En 1950, il est élu membre de la National Academy of Sciences américaine, peut-être l'académie la plus prestigieuse du monde, et il devient membre en 1956 de l'Académie des Lincei, la plus ancienne. La vie et la méthode de travail de Rossi changent du tout au tout : Los Alamos a marqué la fin d'une jeunesse pleine d'idées neuves, reconnues dans le monde entier mais réalisées par des expériences menées de façon individuelle, avec le concours de quelques étudiants. Au MIT, Rossi se trouve à la tête d'un groupe dont il assume la totale responsabilité, concernant notamment le choix des programmes de recherche qu'il faut harmoniser avec la croissance vertigineuse de la physique américaine dans l'après-guerre. Son objectif reste d'être un physicien « complet », dans le plus pur style de l'école de Fermi : de l'intuition et de la compréhension du problème théorique à la conception et à la réalisation des instruments nécessaires – en les inventant au besoin. Il use d'un charisme amplifié par ses contributions militaires pour obtenir les ressources financières et humaines essentielles à de nouvelles recherches. L'objet de celles-ci est d'actualité dans le monde entier : non seulement les rayons cosmiques demeurent un important problème d'astrophysique non résolu, mais ils sont toujours la seule source de données disponible pour comprendre le monde des particules élémentaires. En Europe, ces mêmes années, l'école d'Occhialini s'attaque elle aussi à ce problème.

Après l'interruption de la guerre, pour laquelle on avait donné priorité à la technologie et au développement du nucléaire, une nouvelle révolution fondamentale se fait jour en physique, comparable à celle du début des années 1930 : à présent ce sont les mésons qui apparaissent comme de nouvelles particules dans le rayonnement cosmique. Ils paraissent toujours différents et une classification s'impose, qui ne se simplifiera que beaucoup plus tard. Le moment le plus significatif est la conférence de l'IUPAP (International Union of Pure and Applied Physics) de Bagnères-de-Bigorre pendant l'été 1953, où tout le gratin de la physique se retrouve à discuter de cette nouvelle population de particules. C'est aussi un moment de retrouvailles entre Rossi et Occhialini, une nouvelle occasion de confronter le travail en Europe et aux États-Unis.

En 1953 naît Linda, le troisième et dernier enfant de Nora et Bruno. L'année 1957 marque pour Rossi un tournant décisif, pour deux raisons. D'abord, la création des accélérateurs qui, aux États-Unis comme en Europe, retirent aux rayons cosmiques le monopole de l'étude des particules élémentaires. Puis, de façon bien plus déterminante, le *Spoutnik* projette en 1957 les États-Unis dans la compétition spatiale et les savants américains – Van Allen, lui-même et d'autres – ne tardent pas à comprendre ce que représente la possibilité d'embarquer des instruments hors de l'atmosphère.

En 1958 est fondée la NASA et le budget pour la recherche spatiale augmente à vue d'œil. La NASA semble un nouveau Los Alamos, non plus pour la physique nucléaire mais pour la physique cosmique. Il ne reste qu'à avoir des idées intelligentes et à être capable de construire des instruments innovateurs, mais aussi compacts et légers. Une capacité qui ne manque pas à Rossi et aux siens, attirés par le défi technologique de l'espace.

Le groupe de Rossi s'oriente de plus en plus vers l'étude des « gerbes étendues » (un mot inventé par Occhialini et Blackett) de rayons cosmiques dans l'atmosphère, en disposant des compteurs sur de vastes surfaces. Mais l'espace disponible devient insuffisant : on le trouve alors au Nouveau-Mexique, à Los Alamos, dans une région désertique de plusieurs dizaines de kilomètres carrés, qui est couverte de compteurs mis en communication pour observer simultanément les particules de la gerbe. L'école d'Occhialini prend part à ces recherches, avec un jeune élève prometteur de Beppo, Livio Scarsi, qui de 1957 à 1959 tire des câbles et relie des compteurs dans les grands espaces du Sud-Ouest américain. Cela marque le début d'une longue relation professionnelle et amicale, qui portera Rossi à l'Université de Palerme vers la fin de sa carrière.

Pendant ce temps, au MIT, l'aventure spatiale a démarré. On appelle Rossi à faire partie du Space Science Board de la National Academy of Sciences : il institue sans attendre un sous-comité d'experts pour définir les problèmes les plus urgents en physique spatiale. Indice de sa perspective interdisciplinaire, il invite dans ce sous-comité, en plus des deux célèbres physiciens Morrison et Gold, le biologiste Salvador Luria. Effectivement, le premier problème auquel on s'attaque est celui des conditions physiques du plasma interplanétaire, à savoir l'environnement dans lequel évolue la Terre et où nous-mêmes vivons.

Avant l'ère spatiale, les notions sur les caractéristiques physiques du gaz ionisé (du plasma justement) entre le Soleil et la Terre étaient vagues, même si les chercheurs solaires et les experts en géophysique s'accordaient sur l'importance des relations Soleil-Terre dans ce domaine aussi. Il fallait donc, se dit Rossi, mesurer le « vent solaire » : les théoriciens supposaient que c'était un flux continu de particules émises par le Soleil et qui auraient pu avoir un effet direct sur le champ magnétique terrestre, les aurores boréales et même les rayons cosmiques, depuis toujours au cœur de l'attention de Rossi. Dans la meilleure tradition, le groupe se met à imaginer et à concevoir le bon instrument, avec l'idée de l'embarquer dans un satellite. Comme au temps des compteurs Geiger, Rossi part d'un instrument connu, la « tasse de Faraday » pour la récolte des particules, qu'il modifie avec une électronique intelligente. En plus, il est confronté cette fois au problème de l'adaptation au vol dans l'espace. Non moins épineux se pose ensuite le problème tactique de trouver un satellite qui mette l'instrument en orbite. Le talent, le charisme et la diplomatie de Rossi surmontent toutes les difficultés dans des délais étonnamment brefs : en mars 1961, trois ans à peine après l'idée initiale de l'instrument, et deux ans après la première prise en considération d'une mesure sur un satellite artificiel, *Explorer X* de la NASA met sur orbite cet instrument du MIT (le *Plasma Probe*). C'est un succès total, qui permet une importante série de découvertes, de l'existence d'une « magnétosphère » autour de la Terre à la mesure de la vitesse du vent solaire.

Grâce à des savants comme Rossi et bien d'autres, ainsi qu'à un programme de la NASA lancé tard mais désormais bien organisé et financé, les États-Unis commencent à se remettre du traumatisme infligé par le *Spoutnik* à la recherche et au prestige américains.

Mais la vraie passion de Rossi, qui marque aussi le dernier résultat et peut-être le plus important d'une étonnante carrière, reste l'astronomie des rayons X. En vérité, c'est un autre groupe américain, considéré davantage comme concurrent que comme collaborateur, qui se lance dans l'astronomie X extraterrestre, avec la détection des rayons X émis par le Soleil. Mais dès 1959, Rossi veut aller plus loin, faire de la véritable recherche en astronomie, si possible en rapport avec le rayonnement cosmique. En véritable Américain, comme l'est devenu Bruno après Los Alamos, il a recours à la société privée American Science and Engineering Society, dont il devient président et conseiller scientifique pour la gestion de cette aventure. Et c'en sera une de taille, doublée d'une entreprise rentable, pour Rossi et le groupe nourri de scientifiques qui arrivent au MIT à la fin des années 1950. Parmi eux se trouve un autre élève d'Occhialini : Riccardo Giacconi (prix Nobel de physique en 2002), plus jeune que Rossi d'un quart de siècle, lui aussi émigrant définitif aux États-Unis.

En astronomie des rayons X, tout reste à inventer. Pour commencer, les astrophysiciens se mettent à envisager des possibles mécanismes de production, types de sources célestes et flux de rayons X. Après quoi, les physiciens et les ingénieurs doivent imaginer des moyens efficaces, compacts et sûrs de réaliser des compteurs de rayons X suffisamment sensibles pour détecter les flux prévus, dans des satellites naturellement, étant donné l'absorption des rayons X extraterrestres par l'atmosphère (la condition de toute forme de vie sur Terre). Et tant mieux si, comme sous-produit, cela débouche sur un brevet ou une application commerciale intéressante : AS & E peut bien être aussi une compagnie profitable. Au terme de longues discussions, on définit comme premier objectif scientifique une observation de la Lune. Objectif modeste peut-être, mais qui présente l'énorme avantage d'intéresser un laboratoire des forces aériennes, disposé à financer des observations X de la Lune. Commençons donc ainsi, pense-t-on à AS & E, on verra pour la suite. En ce qui concerne l'instrument, Giacconi avait eu une idée grandiose en lisant un article de Wolter datant de 1952, sur la théorie d'un microscope à rayons X.

Simple et géniale, l'idée était d'appliquer le même principe pour construire un télescope à rayons X. Mais Rossi, après avoir évalué entre autres choses le temps que cela prendrait, dut modérer les ambitions du groupe : pour un premier vol, pas de télescope donc, seulement d'excellents compteurs d'un genre nouveau mais non révolutionnaire ; pas de satellite surtout, compliqué et coûteux. Au fond, pour sortir de l'atmosphère quelques minutes, une fusée faisait l'affaire. Le 18 juin 1962, les compteurs de Frank Paolini (AS & E) furent ainsi embarqués à 225 km d'altitude. À la stupéfaction générale, ils détectèrent une forte source de rayons X qui n'avait rien à voir avec la Lune : mieux, elle se trouvait manifestement au-delà du système solaire, dans la constellation du Scorpion. Bien plus qu'était née une étoile à rayons X, était ouverte une nouvelle fenêtre sur l'Univers.

Pendant huit ans, Rossi et son groupe MIT/AS & E poursuivirent leur travail en astronomie des rayons X, avec des compteurs toujours plus beaux et plus sensibles, embarqués dans des fusées. En 1970 seulement, la NASA acheva la construction du premier de la série des Small Astronomy Satellites, consacrés précisément à l'astronomie X, grâce au travail de Rossi et de Giacconi. Il fut lancé de la plate-forme italienne San Marco, au large des côtes du Kenya, le jour même de la proclamation de l'indépendance du Kenya : on le rebaptisa ainsi *Uhuru*, « Liberté » en swahili. Un nouveau ciel se dévoile : des centaines de sources de rayons X, qui représentent des types différents d'objets célestes, certains connus, d'autres totalement nouveaux sur le plan de l'observation. Au début des années 1970 apparaissent les objets dits « à effondrement gravitationnel » – étoiles à neutrons et trous noirs – aujourd'hui encore au centre de l'attention de l'astrophysique des hautes énergies.

En 1975, le troisième de la série des SAS est à nouveau consacré à l'astronomie X, cette fois avec la participation plus directe du groupe de Rossi au MIT. Une nouvelle mission réussie, qui permet d'accomplir de grands pas en avant sur le positionnement dans le ciel, l'identification dans le visible et le comportement dans le temps des sources de rayonnement X – en découvrant d'ailleurs ces étoiles variables « explosives ».

En 1978 enfin, l'idée originale d'un télescope à rayons X que Giacconi attend depuis longtemps devient réalité ; il l'a développée à Harvard avec son ami Giuseppe Vaiana, disparu il y a quelques années. Le centenaire de la naissance d'Einstein tombe à pic pour cette mission : le satellite est rebaptisé dans le monde entier *Einstein Observatory*. La contribution de Rossi et de son groupe à l'observatoire *Einstein* est significative mais non déterminante. Peu à peu, les intérêts de Rossi vont au-delà de l'astronomie X et du MIT. Dans les années 1980, devenu professeur émérite au MIT, il choisit de passer une période à l'Université de Palerme avec Giuseppe Vaiana, ses amis Ugo et Beatrice Palma et bien d'autres. Faisant preuve d'une énergie à peine entamée par les années, il participe à la sélection du satellite *SAX*. Comme son cher ami Beppo, il n'aura pas le temps de le voir en orbite, de même qu'il ne verra pas la mission *X-Ray Timing Explorer* dont son école est le maître d'œuvre et que la NASA lui a dédiée, avec l'adhésion enthousiaste du monde de l'astronomie.

Il mourra à Cambridge en 1992, trois ans avant le lancement du *RossiXTE*.

CHAPITRE 7

BEPPOSAX ET *ROSSIXTE*. VOIR LE CIEL EN RAYONS X

L'astronomie des rayons X

Pendant des millénaires, l'homme a tiré ses connaissances astronomiques de l'intervalle des fréquences qui traversent l'atmosphère par transparence et auxquelles notre œil, non par hasard, est sensible.

Il existe naturellement d'autres formes de rayonnements que notre œil ne perçoit pas, mais qui font partie de notre vie quotidienne : les ondes radio, les micro-ondes, les infrarouges, les rayons ultraviolets, les rayons X et les rayons gamma. La nature de ces rayonnements ne se différencie pas de celle de la lumière, mais ils ont des longueurs d'onde différentes : les ondes radio, les micro-ondes et les infrarouges sont plus longues, les rayons UV, X et gamma plus courts. L'ensemble de ces phénomènes constitue ce que l'on appelle le « spectre électromagnétique ». Les rayonnements les plus énergétiques (UV, X et gamma) sont potentiellement dangereux pour la vie, et si celle-ci a pu se développer sur notre planète, c'est grâce à l'atmosphère qui nous en protège très efficacement en les absorbant totalement. Pourtant, ces rayonnements cosmiques présentent un intérêt capital car ce sont eux – et eux seuls – qui peuvent fournir l'explication des processus fondamentaux qui ont lieu dans les objets célestes. Telle est la raison de la course à l'espace qui a marqué l'évolution de l'astrophysique des quarante dernières années. En effet, dans les années 1950, la transparence de l'atmosphère commença à devenir un frein pour les astrophysiciens du monde entier, à l'instar de Rossi et Occhialini : le temps était venu de tenter le grand saut au-delà de l'atmosphère. Cette entreprise exigeait un lanceur, ainsi qu'un instrument de mesure capable de fonctionner de façon autonome pendant le vol. La guerre avait laissé derrière elle bon nombre de fusées inutilisées (et elle avait obligé les belligérants à affiner leurs connaissances en la matière), ainsi que le savoir-faire électronique requis pour concevoir des détecteurs. Les premiers lancements de V2 astronomiques eurent lieu à la fin des années 1940. Ils démontrèrent que le Soleil lui-même constituait une source de rayons ultraviolets et de rayons X : l'astronomie hors de l'atmosphère était née.

Quelques années plus tard, la chance sourit à un groupe de savants de l'American Science and Engineering Society conduits, comme nous l'avons vu, par Bruno Rossi et son jeune collaborateur Riccardo Giacconi. Le 18 juin 1962, une minute avant minuit, la fusée qui embarquait trois compteurs proportionnels à rayons X décolla pour fournir quelque 6 minutes de temps utile pour les observations. L'objectif : mesurer l'émission X de la Lune. Le résultat : un signal beaucoup plus fort que prévu, non de la Lune qui n'a rien délivré, mais de la constellation du Scorpion. On venait de découvrir l'une des sources de rayonnement X les plus brillantes du ciel – baptisée par la suite « Sco X1 » – qui, par une très heureuse coïncidence, était entrée fortuitement dans le champ de vision des instruments de bord, inaugurant ainsi une ère nouvelle dans l'histoire millénaire de l'astronomie. De nombreux vols suivirent ce premier succès, et les sources découvertes ne tardèrent pas à se compter par dizaines ; il fut manifeste que l'apparence du ciel en rayons X était très différente de celle du ciel visible. Sco X1 ou le pulsar au cœur de la nébuleuse du Crabe, par exemple, dominent le ciel X mais sont de faibles sources visibles.

Réciproquement, il arrive que des étoiles très brillantes soient de très faibles sources X, comme on le constate en comparant la même partie du ciel en X et en visible. L'astronomie X spatiale proprement dite commence avec le SAS-1, lancé le 12 décembre 1970 de la base italienne San Marco, au large des côtes du Kenya. Le succès de la mission fut complet : en deux ans et demi d'activité, *Uhuru* explora la totalité du ciel dans les longueurs d'onde X, découvrant plusieurs centaines de sources. Le catalogue final de la mission en dénombrera 339.

Les données d'*Uhuru* révèlent la nature binaire de nombreuses sources de rayons X, et on découvre que celles-ci peuvent inclure des étoiles à neutrons (dans certains cas des candidats aux trous noirs). Il apparaît d'emblée que la compréhension des mécanismes d'émission X doit aussi passer par l'étude des contreparties optiques des sources que l'on identifie au fur et à mesure. Cette spectroscopie rend possible pour la première fois l'étude du processus d'accrétion, c'est-à-dire de la source d'énergie des systèmes binaires avec une compagne compacte, qu'il s'agisse d'une naine blanche, d'une étoile à neutrons ou d'un trou noir.

Ce processus se caractérise souvent par la présence d'un disque, qui est formé de la matière en mouvement de spirale d'une étoile à l'autre et qui, réchauffé par friction interne, émet aussi des radiations dans la bande visible, permettant ainsi une étude détaillée du système. L'étude des émissions de l'étoile compagne permet ensuite de remonter aux paramètres du système binaire.

Des sources extragalactiques commencent aussi à apparaître : tout d'abord, le quasar brillant 3C273 (qui deviendra en 1981 la première source extragalactique de rayons gamma), puis une série de noyaux galactiques actifs comme la galaxie M31, etc. Si ces objets ne dépassent pas quelques dizaines, ils sont un témoignage extrêmement parlant de la puissance et de la sensibilité de l'astronomie X. Ici encore, l'observation spectroscopique depuis la Terre revêt une importance fondamentale. Les raies d'absorption mais surtout celles d'émission, ainsi que la forme du continu du rayonnement émis permettent de définir le type d'objet découvert. On peut notamment mesurer le *redshift*, le déplacement des raies spectrales vers le rouge, et inférer ainsi la distance de l'objet en appliquant la loi de Hubble de l'expansion de l'Univers. On commence à comprendre quel type d'objets extragalactiques se caractérisent par une émission X énergétiquement égale ou supérieure à l'émission dans le visible : la grande famille des noyaux galactiques actifs (les « AGN ») qui comprend les galaxies de Seyfert, des objets du type des BL Lacertae et, surtout, des quasars (les « QSO », objets quasi stellaires).

1978, l'année du centenaire de la naissance d'Albert Einstein, voit le lancement du premier observatoire orbital ayant à son bord un véritable télescope à rayons X, 100 fois plus sensible qu'*Uhuru*. On le baptise *Einstein Observatory*. La mission dure trois ans et fournit une moisson de données qui révolutionne littéralement l'astronomie X : elle est capable non seulement de détecter des sources faibles mais aussi de les localiser pour la première fois à quelques secondes d'arc près, atteignant ainsi dans l'espace une précision comparable à celle de l'astronomie terrestre. Les résultats de l'*Einstein* se chiffrent en centaines de nouvelles sources, galactiques et extragalactiques, qui requièrent bien sûr un immense travail d'observation depuis la Terre. La synergie entre l'astronomie des rayons X et l'astronomie optique est consolidée ; il en sera bientôt de même avec l'astronomie radio. Riccardo Giacconi reçut en 2002 le prix Nobel de physique pour « ses contributions pionnières à l'astrophysique qui ont conduit à la découverte de sources de rayons X des rayons X ».

L'Europe suit de très près avec la mission *Exosat* (1983-1986), qui révèle les oscillations « quasi périodiques », un phénomène typique de certaines sources brillantes de notre galaxie. Il s'agit d'étoiles effondrées dans un système binaire qui ont un taux élevé d'accrétion de matière de l'étoile compagne. Les astrophysiciens se trouvent ici devant des systèmes compliqués, où le rayonnement X obéit à plusieurs périodicités : à la période de rotation de l'étoile compacte (de quelques fractions de secondes à plusieurs minutes) s'ajoute la période de révolution des étoiles au sein du système binaire (heures et jours). En outre, la présence de taches chaudes, soit sur l'étoile à neutrons, soit sur le disque d'accrétion, soit encore sur l'étoile compagne, peut introduire de nouvelles périodes et compliquer l'étude et la classification de la source X. *Exosat* met en évidence combien l'étude des séquences temporelles des photons X est importante (et prometteuse).

Pour qui a l'habitude de voir de simples photos du ciel, la dimension temporelle de l'émission des objets célestes est moins intuitive. Une plaque photographique enregistre tous les photons qui l'ont impressionnée pendant le temps d'ouverture de l'obturateur. Ainsi la photographie ne donne-t-elle pas d'informations sur les photons individuels qui l'ont impressionnée, elle en fournit plutôt une vision cumulée. En revanche, les instruments d'astronomie X enregistrent les photons un à un et peuvent donc accéder – plus ou moins bien – à toutes les informations contenues dans l'émission électromagnétique. Chaque photon céleste renferme en effet quatre informations fondamentales : la direction d'arrivée – à savoir les coordonnées du point du ciel où il a été produit –, le moment où il a été produit, son énergie et son état de polarisation. Il n'est pas toujours possible d'enregistrer toutes ces informations : il arrive que l'on décide d'en privilégier une par rapport aux autres.

Les succès de l'*Einstein* et d'*Exosat* sont suivis, aux États-Unis et en Europe, d'une interruption de près de dix ans, en attendant le lancement de *Rosat* (*Röntgen Satellit*) : en collaboration avec le Royaume-Uni et les États-Unis, cette mission allemande inaugura sa longue et fructueuse existence orbitale au mois de mai 1990.

Pendant la période d'accalmie, la communauté X ne demeure pas inactive pour autant : nombreuses sont les missions que l'on conçoit et que l'on met sur pied. Il s'agit de grandes missions tels l'observatoire *AXAF* de la NASA, dédié par la suite au grand physicien Chandrasekhar, ou encore la pierre angulaire du programme de l'Agence spatiale européenne, l'observatoire *XMM* en l'honneur d'Isaac Newton, tous deux lancés en 1999 à quelques mois d'intervalle. On élabore également des missions plus modestes : le *X-Ray Timing Explorer* de la NASA et le satellite pour l'astronomie X de l'ASI, par exemple.

Chacune de ces missions se concentre sur l'étude d'au moins une des informations apportées par le photon, sachant que la maximisation de la qualité d'une information se fait au détriment des autres.

En apparence, *Chandra* et *Newton* – pour ne prendre que ces exemples – sont deux grands télescopes très ressemblants. Mais si *Chandra* a poussé au maximum la résolution angulaire, obtenant ainsi, pour des sources relativement brillantes, des images presque aussi nettes que les images dans le visible, *Newton* a préféré maximiser la surface sensible afin d'obtenir des images peut-être moins spectaculaires, mais de sources bien plus faibles.

Considérons à présent les missions X dédiées à Occhialini et Rossi, ces deux amis pionniers de l'astrophysique spatiale. La mission *BeppoSAX* a mis l'accent sur les images à grand et petit angle du ciel X, avec une bonne capacité de mesurer l'énergie et le temps d'arrivée des photons, alors que *RossiXTE* renonce presque entièrement à localiser les sources pour consacrer toute sa surface disponible à recueillir les photons, avec leur énergie et leur temps d'arrivée.

Tous deux se trouvaient sur des orbites circulaires basses, le plus près possible de l'équateur, à l'instar d'autres missions d'astrophysique qui cherchent ainsi à réduire au maximum les dégâts causés aux appareillages par les rayons cosmiques – ces particules de très haute énergie présentes dans l'espace tout entier mais qui sont en grande partie déviées par le champ magnétique terrestre.

Ces deux satellites *RossiXTE* et *BeppoSAX* ont été lancés à quelques mois d'intervalle.

Le RossiXTE : *la dimension temporelle du ciel X*

Une fois en orbite, le *X-Ray Timing Explorer* lancé le 30 décembre 1995 est devenu *RossiXTE*, en l'honneur de Bruno Rossi, disparu trois ans plus tôt. De la taille d'une cabine téléphonique, *RXTE* se trouve sur une orbite circulaire, à une altitude de 580 km et à 23 degrés d'inclinaison, ce qui est habituel pour les lancements depuis les États-Unis. Il est équipé d'instruments d'astronomie X de grandes dimensions pour accumuler le plus de photons possible des sources célestes. Comme son nom l'indique, la mission met l'accent sur le *timing*, c'est-à-dire la localisation précise dans le temps des photons X permettant d'étudier les variations temporelles des sources du ciel sur des échelles de temps allant des microsecondes aux semaines. Le satellite contient trois instruments : deux d'entre eux, le *Proportional Counter Array* et le *High Energy X-Ray Timing Explorer* sont destinés à travailler de concert, en couvrant l'intervalle d'énergie de 2 à 200 keV.

Ensemble, ils constituent le plus grand instrument X jamais envoyé sur orbite jusqu'à présent. Le troisième est une caméra grand angle, instrument plus modeste mais qui maintient son œil vigilant sur la quasi-totalité du ciel afin de contrôler le comportement des sources les plus brillantes et d'alerter les responsables de la mission en cas de phénomènes inattendus et intéressants vers lesquels diriger les instruments les plus sensibles. *RXTE* constitue un observatoire au sens classique du terme, puisque le temps global d'utilisation des télescopes a été mis à la disposition des observateurs hôtes dont un comité d'experts a approuvé le programme scientifique. C'est effectivement la première fois que l'on ne reconnaît pas aux groupes qui ont construit les appareillages un droit de préemption sur une partie au moins du temps d'observation au cours des premières années d'activité du satellite. Une option ambitieuse qui a sans doute pour but de maximiser le rendement scientifique de la mission, ainsi que son impact sur la communauté.

D'emblée, le sort a été généreux avec *RXTE*, qui a pu observer l'une des sources les plus sensationnelles découvertes en trente ans d'astronomie X : il venait de s'allumer dans le ciel une source très brillante qui allait déconcerter la communauté scientifique mondiale. Cette source inconnue jusqu'alors manifestait deux comportements que l'on croyait incompatibles : des pulsations régulières d'une période d'une demi-seconde environ et des augmentations d'intensité soudaines et brèves (de véritables sursauts) qui apparaissaient *grosso modo* toutes les heures. Or toutes les observations disponibles jusqu'alors en astronomie X semblaient obéir à une loi simple : les sources qui avaient des pulsations régulières ne produisaient pas de sursauts et les sources qui produisaient des sursauts n'avaient pas de pulsations. Alors qu'on savait qu'il s'agissait toujours de systèmes binaires formés d'une étoile à neutrons et d'une compagne normale, on croyait que c'était des ramifications différentes au sein de la famille très diversifiée des systèmes binaires qui deviennent des sources de rayonnement X.

Découverte le 2 décembre 1995 par les instruments du Gamma Ray Observatory, la source se voit attribuer – selon l'usage commun – le sigle de « GROJ1744-28 » décrivant ses coordonnées célestes. La source qui deviendra en février 1996 la plus intense du ciel X était absolument parfaite pour *RossiXTE*, qui a pu étudier pendant des mois tous les détails de son comportement : ses sursauts, sa période de rotation de 0,467 seconde et sa période binaire de quelque 12 jours. Le pulsar « clignotant » est ainsi un véritable équivalent astrophysique de la pierre de Rosette pour déchiffrer le comportement des sources X binaires.

Cette mission dédiée au fondateur de l'astronomie des rayons X n'aurait pu connaître meilleures prémices. La suite a été tout aussi positive car *RXTE* a tenu toutes ses promesses : il a étudié par le menu des sources connues depuis longtemps, en révélant des aspects que personne n'avait encore été capable de voir ; il a d'autre part découvert des objets nouveaux, souvent grâce à la caméra grand angle. En septembre 1999 par exemple, *RXTE* a vu l'émission X de l'étoile V 4641 augmenter de 1 000 fois en sept heures pour diminuer ensuite d'un facteur 100 au cours des deux heures suivantes. C'est le comportement typique des trous noirs dans les systèmes binaires qui ont pour compagne une étoile normale. Le trou noir aspire silencieusement la matière de l'étoile compagne jusqu'à ce qu'il ait accumulé une quantité de gaz suffisamment chaud pour émettre des rayons X. Alors, sans aucun avertissement, le monstre se réveille pour devenir une source X très brillante mais à l'existence relativement brève. Une fois le combustible épuisé, le système redevient stable.

La nouveauté dans le comportement de V 4641 a été la vitesse à laquelle il s'est éteint. Immédiatement après les feux d'artifice de rayons X, la source a été étudiée par le radiotélescope *VLA* du Nouveau-Mexique et les images radio ont montré la naissance de deux jets qui s'échappaient à une vitesse proche de celle de la lumière.

Parce qu'il s'agit là d'un comportement typique des quasars, ces objets extragalactiques très puissants, on dénomme « microquasars » les sources galactiques de ce type. On n'en connaît que quelques-uns, et V 4641 est le plus proche de nous, ainsi que le plus étrange.

L'aptitude la plus exceptionnelle de *RXTE* est cependant de permettre l'étude des périodes courtes des étoiles à neutrons tant isolées qu'appariées au sein des systèmes binaires.

Les étoiles à neutrons isolées sont bien connues des astronomes qui les étudient, principalement à travers leur émission radio, parce qu'à l'instar des trous noirs, elles représentent l'une des phases finales de la vie des étoiles. Le paramètre fondamental qui les caractérise est leur période de rotation. Sur la base de celle-ci, les pulsars se divisent en deux grandes familles : les pulsars dits « classiques » et les « ultrarapides ». Pour les pulsars radio classiques, les périodes de rotation vont de 33 m/s pour la plus rapide à plusieurs secondes pour la plus lente. Les pulsars ultrarapides ont des périodes de quelques millisecondes seulement, mais ils possèdent des caractéristiques d'évolution différentes.

Bien qu'il ne soit pas en mesure de produire des images, *RossiXTE* a découvert le signal périodique d'un jeune pulsar « classique » dans le Grand Nuage de Magellan. Cette découverte était fortuite : *RXTE* était orienté dans cette direction à la recherche d'un éventuel pulsar résiduel après l'explosion de la supernova qui avait eu lieu en février 1987 dans le Grand Nuage de Magellan justement. À la surprise générale, on a découvert un signal pulsé d'une période de 16 m/s, à peu près la moitié de celle du pulsar de la nébuleuse du Crabe, jusqu'alors le plus rapide avec sa période de 33 m/s. D'autres satellites d'astronomie X, dont *BeppoSAX*, ont situé ce nouvel objet à l'intérieur du reste d'une supernova qui a éclaté il y a probablement quatre mille ans. D'ailleurs, en consultant les données d'archives, on a retrouvé ce signal pulsé, nouvelle démonstration du fait que même à l'observateur le plus méticuleux quelque chose peut échapper. La période de ce pulsar remet en question les connaissances de l'époque sur la distribution réelle des périodes de rotation des étoiles à neutrons, et c'est l'une des plus belles découvertes de *RossiXTE*.

BeppoSAX : *flexibilité sur orbite et « zoom » en rayons X*

Le 30 avril 1996, le lanceur *Atlas-Centaur* décollait de cap Canaveral avec à son bord un rêve italien né plus de quinze ans auparavant. À 6 h 31 (heure italienne), le satellite pour l'astronomie X (*SAX*) était placé sur une orbite quasiment équatoriale à 600 km d'altitude, avec une période d'environ 100 minutes. Cette orbite était proche de l'orbite initialement prévue, avant qu'en 1986 la tragédie de la navette *Challenger* n'enterre l'idée de lancer *SAX* par ce moyen et ne marque un temps d'arrêt dans le programme. L'annulation par la NASA de tous les lancements commerciaux obligea les responsables à modifier la mission, pour la rendre compatible avec un lanceur à usage unique comme l'*Atlas-Centaur*. Entre-temps, les appareillages conçus à l'origine pour le *SAX* furent reconfigurés et mis à jour sous la houlette de la toute nouvelle Agence spatiale italienne. Durant trois décennies, de nombreux scientifiques, ingénieurs et dirigeants se sont succédé dans la conduite du projet : en tout premier lieu, Giuseppe Occhialini, nous l'avons vu, l'un des plus grands physiciens des hautes énergies sur le plan national et international, décédé en 1993, trois ans avant le lancement du satellite. En sa mémoire, le diminutif de « Beppo » est à jamais associé au sigle « SAX ».

Le succès retentissant de la mission effaça le souvenir des lenteurs et des retards dans la réalisation du projet, ainsi que celui des controverses et de la malchance initiale. Les opérations auraient dû se terminer en 1998, mais *BeppoSAX* franchit le seuil du troisième millénaire et poursuivit ses recherches de pointe jusqu'au 30 avril 2002.

Les instruments embarqués sur *BeppoSAX* provenaient de la collaboration de nombreux instituts de recherche italiens, notamment du CNR, avec également des contributions de l'ESA et de l'Agence néerlandaise des programmes spatiaux (NIVR). La construction du module qui abritait les appareillages et leur fournissait les services essentiels pour la bonne marche de la mission avait été confiée à la société italienne Alenia Spazio. Mais une mission spatiale ne se limite pas à ces aspects-là. Une fois qu'il se trouve sur orbite, il faut gérer et contrôler le satellite de sorte qu'il mène à bien le programme scientifique. Les données récoltées doivent être envoyées sur Terre, où elles sont alors soumises à un décodage et à une préparation pour l'analyse scientifique. Tel est l'objectif de ce qu'on appelle le « segment sol » d'une mission spatiale, constitué de la station d'écoute, du centre de gestion orbitale de la mission et du centre de triage et d'analyse des données. Le segment sol n'est pas un accessoire d'une mission spatiale mais bien une partie intégrante, d'importance fondamentale pour la réussite de l'ensemble.

Dans le cas de *BeppoSAX*, la station d'écoute et le contrôle de la mission ont été confiés à la société Telespazio, tandis que le centre de données scientifiques de l'ASI assurait la gestion des données. Il ne faut pas oublier en effet que *BeppoSAX*, tout comme *RossiXTE*, était un observatoire : la communauté scientifique se voyait allouer un temps d'observation sur une base concurrentielle. Ainsi l'ASI a-t-elle régulièrement publié des appels d'offres pour inviter les scientifiques à présenter des propositions d'observation soit de classes de sources, soit d'objets précis. Ces propositions ont ensuite été examinées par des comités *ad hoc* qui ont évalué leur intérêt scientifique ainsi que leur faisabilité. Or la somme des requêtes de temps d'observation est un paramètre communément utilisé pour évaluer le succès d'un observatoire astronomique. En général, plus les performances des appareillages sont bonnes, plus nombreux sont les scientifiques qui souhaitent les utiliser. De la sorte, le rapport entre la demande de temps d'observation et la disponibilité effective fournit une espèce de cote de popularité d'une mission. Pour *BeppoSAX*, le rapport entre la demande et l'offre a toujours avoisiné 4, une valeur tout à fait respectable et un succès certain par rapport aux autres missions spatiales.

Toutefois, les astronomes qui recevaient les données disposaient d'un temps limité pour en exploiter l'exclusivité : quelques mois plus tard, les observations tombaient dans le domaine public. C'est alors qu'entrait en jeu le centre de données scientifiques de l'ASI, qui gère un volume important de données astronomiques publiques (pas seulement celles concernant *BeppoSAX*) et qui crée les logiciels pour y accéder sur la Toile et les analyser de manière efficace.

Quoi qu'il en soit, les appareillages scientifiques embarqués dans le satellite demeuraient le cœur de la mission. Comme nous l'avons déjà fait remarquer, observer le rayonnement X du ciel n'est pas chose aisée : une fois la barrière de l'atmosphère franchie, il faut trouver le moyen de focaliser les photons X. Les radiographies attestent de l'habileté du rayonnement X à passer au travers de la matière, plutôt que d'être réfléchi ou réfracté comme cela a lieu pour les photons dans le visible. Seul l'emploi de miroirs très particuliers, qui reçoivent les photons en incidence rasante, permet de focaliser le rayonnement X. Cette technologie est assez complexe et consiste à nicher plusieurs surfaces réfléchissantes en forme de cône tronqué qui concentrent les photons X sur un détecteur placé au plan focal de ces miroirs spéciaux. Comme alternative, on peut employer la technique dite du « masque codé » qui, exploitant le principe de la chambre noire, est capable de produire des images sans l'aide de lentilles ni de miroirs. *BeppoSAX* exploitait ces deux techniques en associant non moins de huit instruments différents, chacun d'eux étant sensible à un intervalle spectral précis pour obtenir des images sur presque toute la bande X (de la fraction de keV à quelque 300 keV).

Six de ces détecteurs avaient accès à une région limitée du ciel mais pouvaient fournir des images précises, atteignant une résolution d'une minute d'arc. En revanche, les deux autres balayaient une région du ciel beaucoup plus vaste (40 x 40 degrés) mais avec une résolution angulaire inférieure.

La présence de détecteurs complémentaires constituait l'un des points forts de *BeppoSAX*. Les deux instruments de grand angle pouvaient détecter la présence dans le ciel de sources intéressantes et suggérer ainsi l'opportunité de réorienter le satellite, afin d'amener ces sources dans le champ de vision des télescopes qui fournissaient des images plus nettes. Cette technique de réorientation des instruments est comparable au principe d'un zoom photographique sur des sources que *BeppoSAX* n'avait vues au départ que, pour ainsi dire, « du coin de l'œil ». Si cette stratégie se révélait extrêmement fructueuse pour les observations, elle exigeait de réagir rapidement et de bien coordonner les opérations du satellite. C'est dans ce genre de situation que l'on apprécie la souplesse du centre de contrôle de la mission, dont dépend la bonne marche de la manœuvre ainsi que le temps qu'elle requiert.

Protégés par la magnétosphère terrestre, les huit « yeux » de *BeppoSAX* captaient toute la complexité du ciel X, constellé de phénomènes souvent passagers qu'il est intéressant d'intercepter au moment de leur apogée.

L'apparition d'un sursaut gamma ou la croissance en intensité d'une source dans le champ de vision de l'un des instruments de *BeppoSAX* produisait un signal d'alarme qui devait être communiqué à la Terre dans les plus brefs délais. Malheureusement, la communication n'était presque jamais immédiate : au cours de son orbite d'environ 90 minutes, le satellite ne pouvait communiquer avec la station d'écoute – envoyant les données recueillies et recevant les ordres pour les orbites suivantes – que pendant dix minutes. Cette courte fenêtre temporelle correspondait au passage de *BeppoSAX* au-dessus de la base kényane où se trouve la station de réception des données et de transmission des commandes pour les opérations du satellite.

De Malindi, les données étaient transmises au satellite géostationnaire *Intelsat V* qui les expédiait à son tour à Fucino, dans les Abruzzes, d'où elles étaient enfin transmises au centre de contrôle de Rome. Il s'écoulait environ une heure entre l'arrivée des données codées à Malindi et les toutes premières analyses scientifiques. Présents vingt-quatre heures sur vingt-quatre, les scientifiques se mettaient immédiatement au travail pour décider s'il valait la peine de modifier le plan d'observation établi pour le satellite, c'est-à-dire de le réorienter afin d'amener la source responsable de l'alerte à l'intérieur des champs de vision des télescopes X.

Même si l'on pouvait compter sur la disponibilité d'une équipe de techniciens en perpétuel état d'alerte, cette procédure prenait cinq à six heures. Or, si ce délai peut paraître long, il s'agit d'un record mondial, jamais égalé par des instruments en orbite avant *BeppoSAX*.

Pendant ce temps, les informations préliminaires sur l'étoile variable ou le sursaut gamma étaient communiquées par courrier électronique à la communauté astronomique, qui avait appris à les mettre à profit et à entreprendre immédiatement les recherches d'une contrepartie optique ou radio de l'étoile variable. Quelques heures plus tard, *BeppoSAX* indiquait une position plus précise sur laquelle concentrer ces recherches. Tout ceci était devenu une routine, mais en 1997, lorsque pour la première fois *BeppoSAX* réévalua la direction d'où arrivaient les photons d'un sursaut gamma, personne ne pouvait affirmer avec certitude ce qu'il trouverait. À de nombreux égards, la luminescence résiduelle des sursauts gamma a donc constitué une surprise qui a ouvert la voie à des découvertes fondamentales sur leur nature et sur la quantité d'énergie qu'ils dégagent.

Les observations des sursauts gamma ont revêtu une importance déterminante, en partie inattendue, dans le succès de la mission, sans pour autant faire passer au second plan les observations d'objets certes plus traditionnels, mais non moins exotiques.

Outre l'étude de la température des couronnes stellaires, *BeppoSAX* a observé avec attention ce qui reste après l'explosion d'une supernova. Les images X des restes de l'explosion, des couches de plasma à très haute température qui répandent dans le milieu interstellaire les éléments synthétisés par l'étoile pendant sa vie et au cours de son explosion, permettent de mesurer la température, la densité et la composition de la poussière d'étoiles. Dans le même temps, on effectue des recherches sur les restes compacts des explosions : les étoiles à neutrons, avec leur modulation d'émission caractéristique, indice de la rotation rapide de ces objets extrêmement denses. La sensibilité de ses appareillages a permis à *BeppoSAX* d'observer des sources célestes de ce type même en dehors de notre galaxie, dans le Grand Nuage de Magellan, où il a, par exemple, localisé le pulsar ultrarapide qu'a découvert *RXTE* par d'autres moyens.

La plupart des sources X les plus intéressantes se concentrent dans la zone centrale de notre galaxie : il s'agit de systèmes binaires où l'étoile compacte (parfois un trou noir) « aspire » la masse de sa compagne. Comme nous l'avons vu, cela implique une forte variation dans le flux de rayons X de la source. Les instruments à grand angle de *BeppoSAX* maintenaient simultanément sous contrôle un grand nombre de ces objets durant les observations du centre de la galaxie.

En particulier, *BeppoSAX* a apporté des preuves expérimentales supplémentaires de l'existence de trous noirs dont les propriétés sont déductibles de la phénoménologie de certains systèmes binaires où transparaît leur présence silencieuse.

Il semble y avoir des trous noirs de masse effroyablement grande même au centre de lointaines galaxies actives. Les très forts gradients gravitationnels produits par ces objets accélèrent à des vitesses relativistes des particules qui émettent une bonne partie de leur énergie en rayons X et gamma. Les observations dans la fenêtre spectrale où travaillent les télescopes de *BeppoSAX* sont fondamentales pour déterminer les détails de la phénoménologie de ces objets.

À des échelles cosmiques encore plus grandes, l'espace apparaît constitué d'amas de galaxies, les « *clusters* ». Entre deux galaxies appartenant à un ensemble donné, on observe un rayonnement X émis par des plasmas à haute température. La résolution spatiale des instruments de

BeppoSAX a permis d'étudier les gradients de température au sein de ces systèmes, tirant ainsi des informations importantes sur leur dynamique et leur évolution.

Enfin, il est important de souligner que les observations de *BeppoSAX* ont pu mettre en évidence la présence de nombreuses sources nouvelles, que l'on ne distinguait pas auparavant du rayonnement X de fond ; celui-ci est aujourd'hui de moins en moins confus et mystérieux.

La précieuse masse de données astronomiques que *BeppoSAX* a recueillies occupera les astrophysiciens plusieurs années encore après l'arrêt des observations et la fin opérationnelle de la mission en 2002.

BeppoSAX a eu de la chance. Après une très longue attente et avec un budget bien plus élevé que prévu, il fut finalement très bien construit. Et certainement la gestion orbitale de la mission et la distribution des données à la communauté scientifique ont été conduites de manière impeccable. Un peu de chance en plus, ce n'est pas mal : prévu pour une durée de vie en orbite de deux ans, la mission dura trois fois plus, c'est-à-dire six ans. Et exactement à l'occasion de son sixième anniversaire, le 30 avril 2002 la décision difficile d'arrêter la mission devint inévitable, en particulier pour les raisons de sécurité. Le satellite avec la masse de *BeppoSAX* sur une orbite basse, et qui devient de plus en plus basse sous l'impact de l'activité solaire, ne peut être abandonné sans contrôle. Sa rentrée dans l'atmosphère doit en effet être calculée en partant des paramètres précis de l'orbite. La dernière séquence de la télémesure du 30 avril 2002 finissait avec une phrase explicite : « Bravo *BeppoSAX* » et positionnait le satellite de façon stable pour éviter les oscillations qui auraient pu provoquer une rentrée non contrôlée dans l'atmosphère aux conséquences imprévisibles. Après la fin scientifique de la mission, on attendait la fin matérielle de *BeppoSAX*, c'est-à-dire sa rentrée dans l'atmosphère. Les calculs montraient que, quand même, quelques grosses parties du satellite, comme les morceaux des cristaux de détecteurs, pourraient survivre au passage dans l'atmosphère. Il existait donc un danger potentiel pour la population. Il s'agit des blocs de plusieurs kilos qui tombent du ciel avec une vitesse très élevée. L'orbite de *BeppoSAX* était pratiquement équatoriale avec une inclinaison de moins de 5 degrés. Cela correspond à beaucoup d'eau sur Terre et à un bout de la Terre émergé de l'Amérique du Sud, de l'Afrique et de l'Asie. L'Agence spatiale italienne, après avoir effectué l'étude sur les dangers potentiels de la rentrée de *BeppoSAX* dans l'atmosphère, avertit les gouvernements des pays concernés sans pouvoir rien dire de précis sur la date de la rentrée. Par chance, la rentrée du satellite dans l'atmosphère se passa le 30 avril 2003, un an, jour pour jour, après la fin de la mission scientifique. Comme prévu, quelques gros morceaux ont survécu à la rentrée dans l'atmosphère, mais heureusement ils sont tous tombés au milieu de l'océan.

L'alerte donnée par l'ASI aux États situés le long de l'équateur eut aussi quelques conséquences comiques. Deux rapports de dommages et de blessures ont été reçus en quelques heures : un de l'Équateur et l'autre de Malaisie. Au pays sud-américain, une petite maison de campagne aurait été détruite par les morceaux de *BeppoSAX* et l'on compterait des blessées. Dans le nord de la Malaisie il y avait eu un chat blessé par des morceaux de métal tombés du ciel. Heureusement en Équateur, les morceaux furent récupérés et l'enquête rapide de la police permit de voir que l'astronomie spatiale n'avait rien à voir avec la destruction de la maison de campagne, due à une explosion de gaz pour laquelle il était difficile de tenir l'ASI coupable. Par contre, en Malaisie, l'analyse des morceaux du métal confirma les soupçons : ce n'étaient pas les morceaux de *BeppoSAX*, qu'entre-temps on savait être tombés dans l'océan Pacifique, mais ceux du troisième étage du lanceur *Ariane* lancé le même jour de la base ESA Arianespace de Kourou en Guyane française. Ce lancement se passa comme d'habitude vers l'est de la Guyane et donc le troisième étage du lanceur rentra quelques minutes après dans le ciel justement au-dessus de la Malaisie. On ne sait pas si Arianespace paya pour le chat malaisien.

LA MORT D'UNE ÉTOILE

Chaque étoile résiste à l'effondrement sous son propre poids grâce aux réactions nucléaires survenant dans son noyau. Au cours de ces réactions, qui demandent des températures de plusieurs dizaines de millions de degrés, des atomes légers se combinent pour former des atomes plus lourds, ce qui libère de grandes quantités d'énergie. Il en résulte une véritable pression sur les couches les plus externes de l'étoile, empêchant que celle-ci ne se contracte sous l'effet de sa propre masse. Les réactions thermonucléaires ne peuvent toutefois pas maintenir l'équilibre de l'étoile indéfiniment : une fois épuisés les atomes légers – ces briques fondamentales de l'Univers –, l'étoile essaie d'utiliser les atomes plus complexes qu'elle a synthétisés au préalable pour former des atomes encore plus lourds.

Et c'est là que l'étoile signe son arrêt de mort. En effet, plus grand est le poids des éléments à former, plus grande est la température exigée par la réaction et plus petite est l'énergie qu'elle en retire. C'est un gouffre énergétique. Après avoir épuisé ses « briques fondamentales », l'étoile épuise également les atomes intermédiaires. N'étant alors plus en mesure de synthétiser d'autres éléments, elle ne dispose plus d'aucune pression pour freiner la chute des couches les plus externes qui, en quelques dixièmes de secondes, s'effondrent sur les plus internes à une vitesse de 70 000 km/s (environ 1/4 de la vitesse de la lumière). La densité au centre de l'étoile augmente des millions de fois (pour subir la même augmentation de densité, notre planète devrait passer de son rayon actuel de quelque 6 500 km à un rayon de 50 m !). Mais la densité ne peut augmenter à l'infini : une fois que la valeur critique a été atteinte, la contraction cesse instantanément. C'est comme si la matière qui tombe se trouvait face à un mur sur lequel elle ne pouvait faire autrement que rebondir et être projetée vers l'extérieur, dans l'espace. C'est cela le vrai phénomène de l'explosion de la supernova. Après avoir implosé, l'étoile explose et projette la majeure partie de sa masse à très haute vitesse dans l'espace. Ainsi se forme la couche externe qui va s'épandre à une vitesse de plusieurs milliers de kilomètres par seconde et qui, au cours des siècles, formera l'une de ces structures typiquement arrondies que les astrophysiciens appellent « restes de supernovae ».

Mais toutes les supernovae ne laissent pas derrière elles le noyau central de l'étoile, celui qui n'avait pu être comprimé davantage. En fonction du type d'étoile qui a explosé, ce noyau peut disparaître entièrement, devenir une étoile à neutrons ou, cas encore plus exotique, donner un trou noir.

Dans un rayon de 10 km, une étoile à neutrons contient une masse égale à celle de notre Soleil (comme si une tête d'épingle pesait plusieurs tonnes). Par ailleurs, l'étoile mère lui a laissé en héritage une bonne part de son champ magnétique et de son énergie de rotation. Le minuscule noyau d'étoile tourne donc sur lui-même jusqu'à des dizaines de fois par seconde et il possède un champ magnétique très élevé. De la mort d'une étoile est né un pulsar, qui révélera peut-être sa présence par l'émission périodique d'ondes radio, en tout point semblable à un phare. Le sort que connaîtra le noyau d'une étoile beaucoup plus lourde que huit masses solaires sera bien différent. La densité nucléaire de l'étoile à neutrons ne parviendra pas à arrêter l'implosion et le noyau deviendra un trou noir. Comment nous apercevons-nous de la présence d'une étoile à neutrons ou d'un trou noir ? Les observations possibles sont très différentes selon que l'étoile qui a explosé était isolée ou appartenait à un système binaire. Précisons d'emblée que, tandis qu'il n'existe aucun espoir de détecter un trou noir isolé, les étoiles à neutrons isolées peuvent trahir leur présence en tant que sources pulsées d'ondes radio, les pulsars. L'étude des cas fournis par les objets compacts dans des systèmes binaires avec une compagne normale est bien plus prometteuse. Dans ce cas, c'est son interaction avec l'étoile normale qui trahira la présence de l'étoile compacte. La masse de l'étoile compacte parviendra à attirer vers elle les couches les plus externes de sa compagne normale, aspirant de la matière qui formera un disque d'accrétion autour de l'étoile à neutrons ou du trou noir. La matière commencera à chuter vers l'étoile compacte, suivant un parcours en spirale dans le disque d'accrétion et se réchauffant toujours davantage. Elle commencera par émettre un rayonnement optique, puis ultraviolet, enfin X, devenant ainsi l'une des sources découvertes par *Uhuru* il y a plus de trente ans. Selon les paramètres du système binaire, du type de compagne normale et du type d'étoile compacte, nous pouvons être confrontés à de multiples cas de figure de sources X dans des systèmes binaires.

La structure externe en expansion remplit elle aussi une fonction dans le cycle vital des étoiles : en se déplaçant à très haute vitesse dans le milieu interstellaire, elle se heurte à des nuages de gaz et des poussières qui n'attendaient que ce coup de pouce pour entreprendre le processus de contraction gravitationnelle qui suscitera la naissance de nouvelles étoiles. Sous l'impulsion du matériau en expansion, la masse du nuage deviendra en effet instable et commencera à tomber vers son centre. Cette chute se poursuivra jusqu'au moment où, quelques millions d'années plus tard, le centre aura atteint la température des quelques dizaines de millions de degrés nécessaire pour amorcer la fusion thermonucléaire qui fournira la pression exigée pour arrêter la chute. Une nouvelle étoile sera née.

LES SURSAUTS GAMMA

Une fois par jour, dans quelque point de l'Univers, survient un phénomène mystérieux qui produit un sursaut de rayons gamma. Ce phénomène est soudain et les appareillages embarqués sur les satellites sont alors inondés de photons pendant une durée très brève : de fractions de secondes à quelques minutes. Puis tout redevient normal jusqu'à l'explosion suivante qui aura lieu dans un point de l'espace complètement différent, avec une durée différente, et qui représentera un nouveau défi pour les astrophysiciens du monde entier. À ce jour, plusieurs milliers de sursauts gamma ont été détectés, mais cette grande quantité de cas n'a été d'aucun secours pour éclaircir leur nature. Effectivement, les instruments gamma ne sont pas en mesure de donner la moindre idée – même grossière – de la distance des sources de ces explosions. Or ignorer la distance d'une source céleste signifie ignorer l'énergie de départ, avec la circonstance aggravante que cette dernière augmente avec le carré de la distance : à énergie reçue égale, une source dix fois plus éloignée exigera cent fois plus d'énergie. La condition *sine qua non* pour qui veut essayer de comprendre la physique des sursauts gamma est donc de réussir à obtenir des informations sur leur distance. Pour ce faire, il faut abandonner l'astronomie gamma et envisager d'autres types d'astronomie. Puisque les astrophysiciens disposent de plusieurs techniques pour estimer la distance d'une source visible ou X, ils concentreront leur attention sur l'astronomie X et optique. Par quoi commencer ?

Évidemment par l'instrument en orbite qui, après avoir détecté le sursaut, doit savoir alerter les observateurs sur la Terre et leur permettre ainsi d'exploiter cette opportunité, en modifiant éventuellement la séquence des observations planifiées pour observer la zone intéressante.

Pour le *Hubble Space Telescope*, le temps de réaction n'est pas moins d'une semaine ; pour des missions moins importantes, ce temps est raccourci mais personne n'était encore arrivé à descendre au-dessous d'un jour. Le centre de contrôle du satellite italien *BeppoSAX* a consenti de grands efforts pour réduire ce temps de réaction et lorsque, le 28 février 1997, l'instrument à grand angle a détecté un sursaut, le centre n'a mis que quelques heures à réagir. C'est ainsi qu'on a découvert une source X inconnue auparavant, qui s'affaiblissait à mesure que le temps passait, une nouvelle preuve qu'il s'agissait de la contrepartie X de l'un de ces mystérieux sursauts. La direction de la source X a été observée avec un télescope des Canaries.

Une image de contrôle prise quelques jours plus tard a révélé que l'une des étoiles s'était considérablement affaiblie, démontrant ainsi son association avec ce qui restait du sursaut gamma. GRB970228 (les sursauts gamma ont un sigle indiquant la date de leur détection) avait donc une contrepartie X et une contrepartie optique, mais on ne connaissait pas encore sa distance. Le pas suivant devait être accompli grâce à un autre sursaut détecté au mois de mai de la même année. Cette fois, on identifia la contrepartie optique beaucoup plus rapidement, alors qu'elle était encore assez brillante pour permettre au télescope *Keck* à Hawaii d'employer son miroir de 10 m pour obtenir un spectre.

La présence de systèmes de raies bien identifiables mais clairement déplacées vers le rouge a fourni la preuve indiscutable de la nature extragalactique de ces explosions qui s'avèrent impliquer des énergies extrêmement élevées, correspondant à celles de dix à cent supernovae.

Au terme de la mission, les sursauts gamma vus par *BeppoSAX* se sont comptés par dizaines. Chacun d'eux a déclenché une alerte astronomique. Tous n'ont pas conduit à l'identification d'une contrepartie optique ou radio, mais l'intérêt de la communauté astronomique mondiale est loin de s'être émoussé. Peu de sciences possèdent le caractère global de l'astronomie. Le ciel appartient à tous et les recherches en astronomie font souvent intervenir des scientifiques du monde entier. Les communications deviennent parties intégrantes du travail des astronomes, usagers enthousiastes de la Toile. La possibilité d'échanger en temps réel informations et résultats amplifie la puissance de la recherche en astronomie. Des centaines d'astronomes sont disposés à investir un peu de leur temps pour observer au télescope la position de chaque nouveau sursaut gamma. La vitesse de réponse représente un élément essentiel et la communauté astronomique s'est entraînée à répondre en temps réel : la fièvre de la découverte est instantanée. Personne ne peut affirmer *a priori* ce que l'on est censé trouver : en effet, si l'on essaie d'établir une synthèse des résultats obtenus par les chercheurs de contreparties optiques ou radio, on se rend immédiatement compte qu'il n'est pas encore possible de définir une typologie unique des sursauts gamma. Chaque nouvel événement représente une opportunité que les astrophysiciens ne veulent pas manquer. Après la découverte de quelques contreparties présentant un fort déplacement vers le rouge – donc très distantes, correspondant à un Univers beaucoup plus jeune que l'actuel –, *BeppoSAX* enregistre le 25 avril 1998 un sursaut qui semble provenir d'une belle galaxie spirale, décidément très rapprochée, où l'on distingue une robuste source visible absente des images d'archives, dont le flux est en augmentation. On relève des spectres de la source et l'on voit de larges raies d'émission. Les premières ne permettent pas de classer l'objet : il pourrait s'agir d'une supernova d'un genre un peu particulier, mais les raies semblent trop larges. Après quelques jours d'incertitude et de nouveaux spectres, 1998bw est classée comme supernova de type Ic, anomale car les raies d'émission sont si larges qu'elles font penser à une explosion plus énergétique que celles qui ont lieu normalement. Pourrait-il s'agir d'un nouveau type de supernova ? On suppose que l'on se trouve devant un exemple d'hypernova, à savoir l'explosion d'une étoile tellement massive que son résidu est un trou noir, et non une habituelle étoile à neutrons.

Le 23 janvier 1999, en revanche, on enregistre pour la première fois un sursaut visible simultanément avec le sursaut gamma. Bien sûr, *BeppoSAX* n'a pas été l'unique acteur de cette découverte, mais c'est grâce à sa position précise que l'on a pu aller rechercher l'image du sursaut gamma dans les données du télescope automatique *ROTSE*, et amener ainsi sur le devant de la scène le travail de nombreux groupes qui se consacrent à la « patrouille » du ciel.

L'organisation mutuelle des chercheurs de contreparties s'affine donc en même temps que progresse l'étude de celles-ci. Tandis qu'en 1997 on attendait que *BeppoSAX* communique leur position précise avant d'entreprendre la recherche de contreparties optiques et radio, par la suite on a préféré commencer sans délai, en exploitant les premières informations grossières. Le 22 février 2001, par exemple, *BeppoSAX* a enregistré un sursaut particulièrement intense. Or il n'a été identifié dans le visible que sur la base de sa position grossière, dans les deux heures qui ont suivi l'alerte, alors que le satellite n'avait pas encore achevé sa manœuvre de réorientation. Il s'est agi là d'un véritable record, qui est allé s'ajouter aux nombreux exploits réalisés par *BeppoSAX*.

Prix Rossi

Le prix de la Division d'astrophysique des hautes énergies de l'American Astronomical Society est lui aussi dédié à Bruno Rossi. On l'attribue chaque année à un ou plusieurs scientifiques dont les apports originaux sur les plans de l'observation et de la technique ont permis d'accomplir des pas en avant substantiels en astrophysique des hautes énergies.

En 1998, ce prix a été décerné à l'équipe de *BeppoSAX* et à l'astronome hollandais Jan Van Paradijs. Disparu tragiquement l'année suivante, celui-ci avait été le premier à encourager les observations dans le visible des sources X découvertes par *BeppoSAX* en regardant la position où venait d'être détecté un sursaut gamma.

En 1999, c'est à J. Swank et H. Bradt qu'il a été attribué pour le travail qu'ils avaient accompli sur le satellite *RossiXTE*.

Les destins et les noms de ces deux grands savants italiens continuent ainsi de s'entremêler. De même que les écoles d'astronomie spatiale qu'ils ont fondées et qui ont essaimé dans le monde entier.

CHAPITRE 8

BEPI COLOMBO VERS MERCURE AU DÉBUT DU XXIe SIÈCLE

En 1997, *Cassini* fut le dernier satellite portant le nom d'un grand homme de science italien à être mis sur orbite. Mais la tradition de donner des noms de savant à des missions spatiales scientifiques se perpétue dans le monde entier. L'ESA a dédié son grand observatoire des rayons X au génie d'Isaac Newton (1642-1727), père d'une nouvelle vision de l'optique qui représente justement le point fort de la mission *XMM-Newton*. La NASA aussi, nous l'avons vu, a donné à sa réplique au défi européen dans le domaine des rayons X le nom d'un grand personnage, le physicien astronome d'origine indienne Subrahmanyan Chandrasekhar (1910-1995) – que l'aversion au fond sympathique des Américains pour les noms longs étrangers a réduit à *Chandra*.

Toutefois, c'est l'ESA qui a proposé (ou imposé) à deux reprises de s'écarter de ce qui apparaît comme une tradition établie et significative. Destinée à faire pâlir les résultats de la très grande *Giotto*, la prochaine mission cométaire de l'ESA est partie le 2 mars 2004 pour arriver, au terme d'une longue poursuite interplanétaire, à la comète Churuymov-Gerasimenko en 2014. Mais la sonde ne se contentera pas d'un survol rapide comme l'avait fait *Giotto* : elle se placera en orbite autour du noyau pour l'étudier à distance rapprochée et y faire descendre un atterrisseur. Bref, une analyse *in situ* qui permettra enfin de percer le secret bien gardé des comètes.

La mission est baptisée *Rosetta*, comme la célèbre pierre qui a permis pour la première fois de déchiffrer les hiéroglyphes égyptiens, désormais conservée au British Museum. En passant, le nom de la pierre provient d'une translittération française approximative du mot arabe « Rashid », le nom du village égyptien où Pierre François Xavier Bouchard, jeune officier du génie des troupes de Napoléon, découvrit en 1799 cette curieuse pierre noire au cours de travaux de terrassement.

Si *Rosetta* est un nom charismatique, approprié et de bon augure pour une mission ambitieuse, le choix de ceux des quatre satellites constituant la mission de l'ESA *Cluster* paraît moins heureux. La mission *Cluster II* a été placée avec succès sur orbite, après l'explosion, en 1996, du premier lanceur *Ariane 5* qui aurait dû transporter *Cluster I*. Elle est consacrée à l'étude des particules et des champs magnétiques aux abords de la Terre, pour comprendre les influences du Soleil et du milieu interplanétaire sur l'enveloppe électromagnétique de notre planète. Comme son nom l'indique, elle est formée d'un groupe de quatre satellites identiques, placés en différents points de l'espace autour de la Terre. Avec leurs détecteurs de particules et de champs magnétiques, ces satellites observent sous différentes perspectives tous les détails de l'interaction entre les émissions du Soleil et l'environnement électromagnétique terrestre (les aurores boréales ou les interférences possibles avec les télécommunications terrestres, etc.). Pour souligner ces sortes de « pas de danse » effectués sur commande depuis la Terre, les quatre éléments de *Cluster* ont été baptisés *Rumba*, *Salsa*, *Samba* et *Tango*. Des noms de danses sud-américaines en souvenir du lancement depuis la base de Kourou, en Guyane française ? Ou bien une concession à la frivolité pour rendre plus attirants les quatre éléments d'une mission risquant d'apparaître répétitive au profane ?

La NASA et l'ISAS (Agence spatiale scientifique japonaise) mettent leur point d'honneur à conserver *in pectore* les noms à donner à une mission scientifique. Jusqu'à son lancement réussi, voire jusqu'au début positif des travaux scientifiques, une mission conserve simplement un numéro ou un sigle, généralement issus de la série à laquelle elle appartient. L'ESA est moins rigoureuse en la matière. Même si elle a suivi cette politique pour *XMM-Newton* et – hélas – pour *Cluster* et ses danses, elle a décidé par avance de quelques noms significatifs. Par exemple, le petit robot qui aurait dû se promener sur la surface de Mars dans le cadre de la mission lancée en juin 2003 *Mars Express* (qui attend toujours un vrai nom) s'appelait *Beagle 2*, en souvenir du navire sur lequel Darwin effectua son tour de découvertes révolutionnaires autour du monde.

Deux missions pour l'astronomie dans l'infrarouge lointain et la cosmologie, qui partiront ensemble en 2007 à bord de la même fusée *Ariane 5*, seront dédiées à Friedrich

Wilhelm Herschel (1738-1822), le grand astronome anglais qui fut le premier à mesurer l'émission du Soleil au-delà de la couleur rouge, et à Max Planck (1858-1947), qui inaugura le XXe siècle avec sa révolution quantique fondée sur l'étude du rayonnement d'un corps noir, une bonne approximation de l'Univers.

Même si elle est encore loin de se trouver en orbite – donc de pouvoir figurer dans l'Olympe spatial officiel –, la prochaine mission *Cornerstone*, pierre angulaire du programme scientifique ESA concluant l'exploration planétaire européenne par une exploration de Mercure, possède déjà un nom : *Bepi Colombo*. Il vaut la peine de voir comment la mission est conçue, du moins pour le moment, en prévision de son lancement en 2012. Mais auparavant, nous esquisserons un portrait du personnage.

Giuseppe Colombo (1920-1984)

Né à Padoue en 1920, Giuseppe Colombo se montra bien vite un étudiant brillant, il fut admis à la prestigieuse École normale supérieure de Pise pour y préparer une licence de mathématiques. Il appartenait à une génération difficile : en 1942, il dut interrompre ses études car on l'avait réquisitionné comme officier d'artillerie dans la campagne de Russie. Blessé et décoré, il décrocha sa licence à son retour en 1943. En 1955, il obtint une chaire et traversa la période typique de pérégrinations des professeurs d'université italiens : Catane, puis Modène, Gênes, enfin Padoue en 1962, à la Faculté d'ingénierie. Vu sa formation mathématique de mécanique rationnelle, il commença par la Mécanique des vibrations, après quoi il fut titulaire de la nouvelle chaire de Lanceurs et vaisseaux spatiaux.

Cela représentait l'évolution naturelle d'un esprit entraîné aux applications des mathématiques à l'astronomie et à l'ingénierie, qui avait compris dès le départ l'importance et l'enjeu scientifique de l'aventure spatiale qui commençait à la fin des années 1950. Une nouvelle étape d'envergure pour une université de Padoue déjà prestigieuse. Mais « Bepi » (diminutif de « Giuseppe » en argot de Padoue) suivait évidemment de près les développements aux États-Unis et dès le début des années 1960, il fit de longs séjours au MIT et à Harvard. Il y avait là une colonie italienne très puissante, avec Bruno Rossi, Riccardo Giacconi, Giuseppe Vaiana, Bruno Coppi et leur école.

La carrière de Colombo est à bien des égards originale : sans émigrer par exemple, il parvint toujours – même au prix de grands sacrifices personnels – à partager son temps entre l'Italie et l'étranger, au profit de l'école de Padoue et du prestige de son pays. Par ailleurs, il réussit toujours à combiner avec talent et originalité la recherche fondamentale – notamment en mécanique céleste et en astronomie – avec une multitude d'intérêts annexes : la technologie, l'ingénierie et les applications, ainsi que la politique et l'organisation de la recherche.

Néanmoins, Colombo se sentait surtout un astronome spécialiste de mécanique céleste. Il en avait très tôt fourni la preuve en résolvant le problème complexe de la période de rotation de la planète Mercure. Elle se révélait difficile à mesurer directement, et on estimait que la planète la plus proche du Soleil, et donc fuyante, tournait sur elle-même de façon synchrone avec sa période de révolution (88 jours) autour du Soleil. Bref, comme la Lune à la

Terre, Mercure montrait toujours la même face au Soleil. Toutefois, en examinant attentivement les quelques photos disponibles – et parfois anciennes – de la surface de Mercure, on a commencé à douter de cette synchronie et à envisager que les deux périodes puissent être sensiblement différentes. Mais la mécanique céleste prévoyait la synchronie entre rotation et révolution, ce qui est apparemment très agréable sur le plan théorique.

Colombo aborda ce problème avec élégance : en appliquant la théorie des résonances orbitales, il démontra que la vérité se trouvait dans l'entre-deux. Certes, les deux périodes ont un rapport entre elles (c'est-à-dire qu'elles ne sont pas indépendantes, comme pour la Terre ou Mars), mais elles ne sont pas égales : Mercure tourne sur elle-même en 58 jours et 7 heures, ce qui représente exactement deux tiers de sa période orbitale de 88 jours. Bref, cette petite planète brûlante accomplit une rotation et demie sur elle-même pour chaque orbite autour du Soleil. Les nuits et les jours sont donc très longs sur Mercure. Cette découverte de Bepi Colombo représente l'une des raisons pour lesquelles l'ESA donne aujourd'hui son nom à la prochaine sonde européenne vers Mercure, prévue pour 2012. Mais ce n'est pas le seul motif : une idée exprimée par Colombo lors de la présentation de la première mission de la NASA vers Mercure, dans les années 1970, en constitue un second. À cette occasion, Colombo prit la parole sans préavis pour démontrer publiquement qu'on pouvait rectifier opportunément, à coût nul, la trajectoire de la sonde *Mariner 10*, de façon à la faire passer en 1974-1975 aux abords de Mercure non pas deux fois – comme la NASA l'avait prévu – mais trois, au grand bénéfice des scientifiques. Il s'agissait là d'une application de la célèbre méthode de la « fronde gravitationnelle », qui sera plus tard déterminante dans la réalisation, entre autres, des deux grandes sondes planétaires *Galileo* et *Cassini*.

Colombo fut également l'un des fondateurs de la mission européenne vers la comète de Halley et c'est lui-même qui suggéra, rappelons-le, le nom de *Giotto*. Dans le domaine de la planétologie, il étudia aussi les anneaux d'Uranus, mais plus encore ceux de Saturne, la distribution des astéroïdes sur le plan de l'écliptique et bien d'autres choses encore. Aux États-Unis (où il devint membre de la National Academy of Sciences et reçut la médaille d'or de la NASA en 1983), il proposa beaucoup d'autres projets, comme celui du satellite suspendu à un fil, avec toutes ses possibilités et ses variantes. Sa contribution fut également remarquable en Europe, notamment en tant que membre du Joint Imaginators Group. Un groupe de visionnaires, au sens de personnes qui possèdent une vision à long terme et dont on attend des idées neuves. En matière d'idées, Colombo était un véritable puits sans fond dans les domaines de la technologie mais aussi de la géophysique et de la physique de l'atmosphère, toujours considérées sous une perspective spatiale. Bien entendu avec une pointe d'esprit d'*enfant terrible*. Les archives ont conservé l'une de ses déclarations au directeur général de l'ESA : « Je ne croyais pas avoir été invité ici, à Paris, pour être nourri physiquement et spirituellement par l'Agence. Je pensais qu'on attendait de nous un travail personnel d'imagination. Je ne suis pas venu à Paris seulement pour m'incliner devant les opinions de l'Agence. » Une déclaration qui résume bien l'esprit libre et un peu rebelle d'une personnalité aussi indépendante que rigoureuse.

La mission vers Mercure (2012)

La mission *Bepi Colombo* a été sélectionnée à la fin du dernier millénaire comme la cinquième pierre angulaire du programme scientifique ESA. Le motif de cette sélection, en compétition avec d'autres missions proposées pour l'exploration planétaire et l'astronomie de l'espace profond, tient précisément à la volonté d'aborder les grands problèmes scientifiques encore irrésolus sur la moins connue des planètes intérieures du système solaire. Ce choix a également été déterminé par le fort contenu technologique de la mission, un défi pour l'industrie spatiale européenne. Un autre défi, dans la meilleure tradition des études menées par Colombo, est le fait même d'arriver jusqu'à Mercure.

Pour amener les deux tonnes de sonde dans l'orbite de Mercure après son lancement sur *Ariane 5*, il faudra en effet deux ans et demi de croisière, avec deux poussées gravitationnelles et un moteur ionique spécial. Ensuite, afin d'étudier la petite planète, il faudra arriver à se placer dans son orbite : une entreprise ardue car le « messager des dieux » se déplace très vite : 48 km/s – contre les 30 km de la Terre.

Venons-en aux recherches que l'ESA pourra mener avec *Bepi Colombo*. Avec un rayon de 2 440 km qui la rend à peine plus grande que notre Lune, Mercure a toujours posé des problèmes épineux aux astronomes, bien qu'elle fasse partie des cinq planètes visibles à l'œil nu. En 1631, l'astronome français Pierre Gassendi fut le premier à la voir passer devant le disque du Soleil et il demeura stupéfait devant ses dimensions réduites – selon lui trop petites pour une vraie planète de notre système solaire. Deux siècles plus tard, en 1844, un autre homme de science français, Urbain Le Verrier, que la découverte de Neptune allait rendre célèbre quelques mois plus tard, remarqua que le comportement orbital de Mercure ne correspondait pas aux lois de Newton. En 1915 enfin, en plein drame de la Première Guerre mondiale, Einstein parvint à prévoir exactement le mouvement de la planète grâce à sa théorie de la relativité.

Les observations astronomiques de Mercure sont difficiles : elle n'apparaît jamais à plus de 28 degrés du Soleil et de ce fait, même sur orbite, le *Hubble Space Telescope* ne pourra jamais l'observer. Il serait trop dangereux d'exposer ses instruments délicats à la lumière directe du Soleil. Seule la mission NASA *Mariner 10* d'il y a un quart de siècle a envoyé des photos de sa surface devenues historiques, sans toutefois répondre aux vraies questions concernant la planète.

Pourquoi est-elle aussi dense ? Avec une densité moyenne de 5,43, elle ressemble beaucoup à la Terre, mais avec un volume d'environ 5 % du volume terrestre, l'évolution planétaire prévoirait une densité bien moindre. Peut-être qu'elle possède un noyau très lourd, ou qu'elle a en surface aussi des éléments lourds tels l'uranium ou le thorium. Pourquoi a-t-elle un champ magnétique, contrairement aux autres planètes intérieures ? Est-il produit au sein de la planète, comme dans le cas de la Terre ? Personne n'a jamais étudié Mercure en détail, y compris sur le plan de ses interactions avec le Soleil, cette grande étoile si proche.

Les appareillages de *Bepi Colombo* devront aussi chercher à comprendre le pourquoi et le comment de l'évolution géologique de Mercure. Soumise, il y a 3,5 à 4 milliards d'années, à un terrible bombardement d'astéroïdes – étant donné sa haute vitesse orbitale et l'absence d'atmosphère –, elle a une surface couverte de cratères qui peuvent témoigner d'une éventuelle activité volcanique ou tectonique toujours en cours. Enfin, une question apparemment bizarre pour un petit monde de feu aussi proche du Soleil : qu'y a-t-il de vrai dans les observations radar de 1992 qui semblent suggérer la présence d'eau (gelée bien sûr) au fond des cratères proches du pôle, perpétuellement dans l'ombre ? Il pourrait s'agir du mécanisme invoqué pour la Lune (où, en tout cas, la présence de glace n'a pas été confirmée par les observations), à savoir l'accrétion d'eau de comètes tombées au fond des bons cratères. Qui sait ? D'autres questions se posent aussi sur l'exosphère, sur la présence de composants volatils autour de la planète, et bien d'autres encore.

Bepi Colombo représente donc une entreprise scientifique ambitieuse. Elle exigera des appareillages – qui restent à définir dans le détail – aux performances scientifiques et aux qualités technologiques très élevées. La mission sera organisée en deux charges utiles séparées :

1) Un orbiteur magnétosphérique (MMO) emportant les instruments de mesure des champs magnétiques et des particules, qui sera largué par la sonde mère en orbite elliptique pour échantillonner l'espace environnant Mercure jusqu'à 12 000 km de sa surface. Poids total : environ 59 kg.

2) Un orbiteur planétaire (MPO), dans une orbite plus basse, plus proche de la surface, équipé des instruments pour prendre des images aux différentes longueurs d'onde – IR, UV, X et gamma –, outre les photographies dans le

visible, classiques mais importantes, à haute résolution. Poids total : environ 463 kg.

Une fois qu'elle se sera placée dans l'orbite de Mercure, la sonde mère aura donc fort à faire pour marcher du même pas que la planète et larguer les deux paquets d'instruments, en coordonnant par ailleurs le travail de récolte et d'envoi des données à la Terre. En outre, chaque instrument devra être équipé, pour survivre, d'un bouclier thermique spécial qui résiste, pendant au moins deux ou trois ans, aux températures de plusieurs centaines de degrés ainsi qu'au fort bombardement de particules qui caractérise l'environnement hostile de Mercure. *Bepi Colombo* doit donc relever un important défi technologique : encore une fois, cela justifie le choix du nom, à la mémoire d'un savant qui aurait certainement su inventer quelque astuce technologique pour cette mission.

En guise de conclusion, je souhaiterais exprimer une modeste proposition, ou plutôt trois. La première est à la fois méthodologique et opérationnelle. Jusqu'il y a très peu de temps, les découvreurs de comètes et d'astéroïdes – souvent des astronomes dilettantes – avaient un droit de baptême (leurs noms ou prénoms, ceux d'amis, etc.). Or l'Union astronomique internationale a mis un terme à cette pratique risquant de devenir incontrôlable et s'est attribué le droit et le devoir de donner les noms en acceptant éventuellement des suggestions. Pour des questions de bon goût et de rigueur historique, il s'avérera peut-être nécessaire d'introduire une réglementation similaire pour les missions spatiales.

Pourquoi, par exemple, l'ESA et l'Union européenne s'obstinent-elles à appeler « Galileo » une future mission pour la fourniture globale d'un réseau de positionnement sur la surface terrestre ? Il s'agit d'une mission de grande envergure qui démontre comment les technologies spatiales, une fois acquises grâce à la recherche scientifique, peuvent être concrètement employées pour améliorer la qualité de vie de tous. Mais pourquoi l'appeler « Galileo » ? L'image de ce grand savant n'est pas un acronyme et l'on ne peut l'associer à *n'importe quoi*, avec tout le respect et l'appui dus à cette mission, et si convaincu qu'on soit de l'importance et de l'utilité de ce réseau de positionnement et de navigation.

Dirigiste et antidémocratique, ma première proposition est donc de créer une commission sans appel d'historiens, de techniciens et d'esthètes et – pourquoi pas ? – d'experts en marketing qui décident des noms de projets importants, destinés à être employés par le grand public pendant des années. Surtout, cela va sans dire, s'il s'agit d'aventures à capital public.

Dans la même veine, la deuxième et la troisième proposition concernent les noms à donner à la prochaine mission de la série consacrée à l'exploration de Mars. Même si elle va de soi, la proposition est de la dédier à Giovanni Schiaparelli (1835-1910). C'est en effet au grand astronome milanais que l'on doit la première observation systématique et la cartographie de la surface de Mars. On sait moins, en revanche, que ce que Schiaparelli appela « canaux » ne renvoyait pas forcément pour lui à quelque chose d'artificiel. Il pouvait s'agir de bras de mer (comme la Manche) qui séparaient les terres et les continents. Mais l'Américain P. Lowell traduisit à l'oreille l'italien *canali* en *canals* (au lieu de *channels*). Or cette adaptation impliquait nécessairement quelque chose d'artificiel et ouvrit la voie, au début du XXe siècle, à la saga des

« martiens » prototypes des civilisations extraterrestres. La valeur scientifique du travail de Schiaparelli n'en fut pas altérée pour autant, elle mériterait d'être reconnue au niveau mondial.

Plus avant dans la série, il est prévisible que, autour de Mars, stationnera un satellite ayant pour but d'envoyer à Terre, à travers plusieurs centaines de millions de kilomètres, les données scientifiques d'une, ou de plusieurs, missions. Il s'agirait donc d'un véritable « pont radio », qui pourrait rester disponible pour plusieurs générations de missions. Le nom « Marconi » pour cette mission semble alors naturel.

Guglielmo Marconi (1874-1937), prix Nobel de physique en 1909, commença très jeune ses expériences de transmission sans fils. Dans l'espace de quelques années (de 1895 à 1901), il augmenta sa distance de transmission depuis quelques mètres (dans le grenier de sa maison paternelle) aux dizaines de kilomètres de la Manche, aux milliers de kilomètres de l'Atlantique. Marconi aurait immédiatement compris l'intérêt scientifique, aussi bien que le défi technologique, d'une transmission interplanétaire et c'est à lui, en fin de compte, que nous devons l'étincelle initiale.

REMERCIEMENTS

Je ne saurais jamais assez remercier Michel Cassé sans lequel cette version française de mon livre n'aurait jamais pu voir le jour. Sa passion pour l'astrophysique ne connaît décidément pas de bornes. Je remercie aussi Delphine Chevallier dont la traduction a su conserver le ton de mon récit. Ma gratitude va au Segretariato europeo per le pubblicazioni scientifiche (SEPS) qui m'a fait l'honneur de considérer que mon livre méritait son soutien financier pour la traduction. Enfin, toute ma reconnaissance va à David Southwood, directeur scientifique de l'Agence spatiale européenne, dont l'enthousiasme pour ce projet en a rendu possible la publication.

Odette Echeverry a mis son professionnalisme à ma disposition avec son amabilité coutumière, comme plusieurs de mes amis au Centre d'étude spatiale des rayonnements de Toulouse.

TABLE DES MATIÈRES

Ouvrage publié sous la responsabilité éditoriale
de Gérard Jorland

CET OUVRAGE A ÉTÉ COMPOSÉ
ET MIS EN PAGES CHEZ COMPO 2000 (SAINT-LÔ)
ET ACHEVÉ D'IMPRIMER SUR ROTO-PAGE
PAR L'IMPRIMERIE FLOCH À MAYENNE
EN DÉCEMBRE 2005

N° d'impression : 64590.
N° d'édition : 7381-1706-X.
Dépôt légal : janvier 2006

Imprimé en France